日本廚藝教室首席的控溫烹調

料·理·筆·記

水島弘史 著　何姵儀 譯

作者序

避開錯誤步驟，家常美味輕鬆上桌

各位！你們是不是每天都在吃可口美味的東西呢？相信手上拿著這本書的讀者一定都是想要做出美食的人。

在每天都被工作還有生活追著跑日子裡，煮出好吃的菜並不容易，可以的話，還是希望能夠簡單又迅速地做出一道美食。我非常了解這樣的心情，但是烹飪本來就是一件非常花時間的事。想要做出一道好菜，就要付出相同的代價，而且採用的烹調手法一定有它的理由，如果採用的手法不對，那麼這道菜也就會跟著失敗。

這本書最大的特色，一個就是大家看了之後一定會有同感，「啊，我也曾經做出一樣失敗的菜」。究竟是哪個步驟做錯了，才會遇到這樣的失敗？遇到這種情況，要怎麼做才好呢？本書的另外一個特色，就是介紹多道每日點綴我們飲食生活的菜餚。只要根據科學式的烹調方式，瞭解「要怎麼做才好呢」，煮出來的料理就不會失敗；只要正確掌握一些不可忽略的工夫，就能夠做出真正美味的佳餚。

本書詳細地記載了各項材料與調味料的分量，一開始計量的時候或許會覺得很麻煩，但是重複這件麻煩事卻能夠讓大家培養出正確計量的感覺。就請大家詳細閱讀這本書，並且一道一道地試作看看，如此一來，我相信今後大家隨時都能夠煮出一手好菜！

那麼，就讓我們開始吧！

水島弘史

Chapter 1 從基本菜色開始挑戰吧！

Chapter 2 炒出爽脆口感與鮮甜滋味

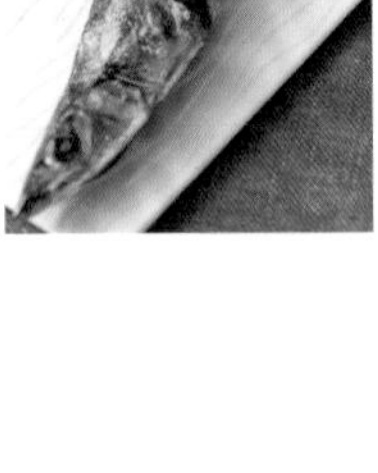

Chapter 3 煮出軟嫩不乾柴的燉滷料理！

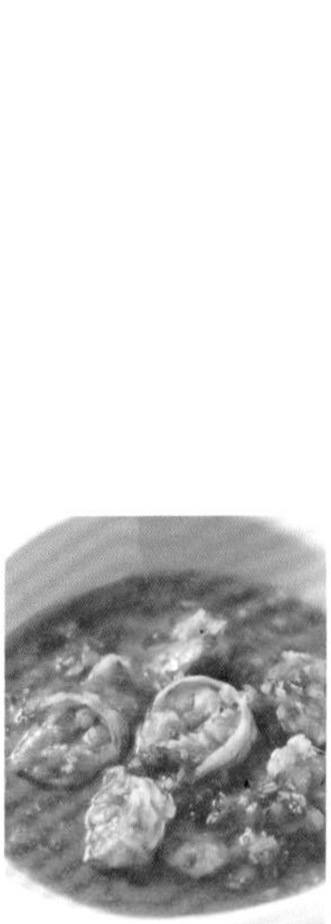

Chapter 4 炸出金黃色澤、酥脆口感的美味炸物

Chapter 5 做出令人驚豔的家常菜料理！

如何使用本書

本書大致可以分為三個部分，
有的料理只分為兩個部分。
另外，理論相同的料理會同時列出好幾道食譜。

● 失敗的原因與水島派食譜

針對主題料理回答各種疑難雜症

炒青菜

每一種配料
熟的程度都不一樣？

青菜要炒得成功，重點在於用料豐富的配菜味道要均衡，熟的程度都一樣，如果吃起來口感清脆的話那就更棒了！首先讓我們好好牢記讓火候在鍋子周圍蔓延的方式吧。

Q 吃飯時一定會出現的一道菜，就是炒青菜。這道菜出現在我們家餐桌上的頻率可說是第一名，但是卻老讓人感到不安，一直懷疑「這樣就好了嗎？」坦白說，自己根本就不知道怎麼炒才是正確的。

A 其實炒青菜是一道非常重要的菜餚，從食材的切法與加熱方式，一直到調味，要是不知道烹飪的基本原則，就會失敗連連。換句話說，只要掌握炒青菜的技巧，就等同於掌握烹飪的基本。

Q 會好好努力的。不過有件事要先請教一下，為什麼炒好的青菜每次都不一樣，不是太水就是太爛呢？

A 第一個重點，就是所有材料的大小都要切成一樣。不過這時候如果用力切，或者是一邊拉菜刀一邊切的話，可是會把蔬菜的細胞給破壞的，使得裡頭的水分非常容易滲出來。蔬菜的切法在66頁有詳細說明，請大家一併參考。另外，連同胡蘿蔔等根菜一起炒的時候一定要事先下鍋汆燙。換句話說，在下鍋翻炒前的這個階段食材硬度是否一致也非常重要。肉也是一樣，也就是說，所謂的炒菜，其實就是將事先處理好的食材用調味料拌炒，這才是正確的觀念。

Q 不知道為什麼，炒菜時就是會想要帥氣地甩動鍋子，而且一直覺得炒菜能夠炒到這種地步的人好像都很厲害，很會煮菜。

A 烹飪工具不同，導熱方式也會跟著改變。像是中菜餐廳的瓦斯爐火候大，加上中式炒鍋底部是圓的，所以上半部會產生輻射熱。在這種情況之下只要往那個方向甩動，食材就會炒熟。可是一般家庭用的平底鍋與瓦斯爐並沒有辦法做到這種地步，因為平底鍋的鍋底是平的，火會均等地把熱導至鍋面，所以這時候絕對不可以一口氣把溫度拉上來，這一點非常重要。

食材大小不一

肉整個縮水

肉、蔬菜與根莖等材料全部都炒熟之後再來調味的話，最後炒好的菜味道會不夠均衡。

重點

水島老師
一一詳細解說！

為什麼這道菜「會失敗」？本書挑選了幾個實際在烹飪教室裡常遇到的問題，直接請老師幫我們解答。而第一個，就是探討失敗原因。

重點

可以親眼比較失敗範例
與水島派成功食譜之間的差異！

刊登在 Q&A 底下的料理圖片右側是常見的失敗例子，左側是水島派食譜的成功例子。有的則只列出其中一張。

重點

以淺顯易懂的圖說
比照失敗與成功的例子！

知道失敗原因之後，接下來就要一一解決了。轉個念，把「為什麼會失敗」改成「要怎麼做才會成功」，這樣就可以學到成功率更高的佳餚了。

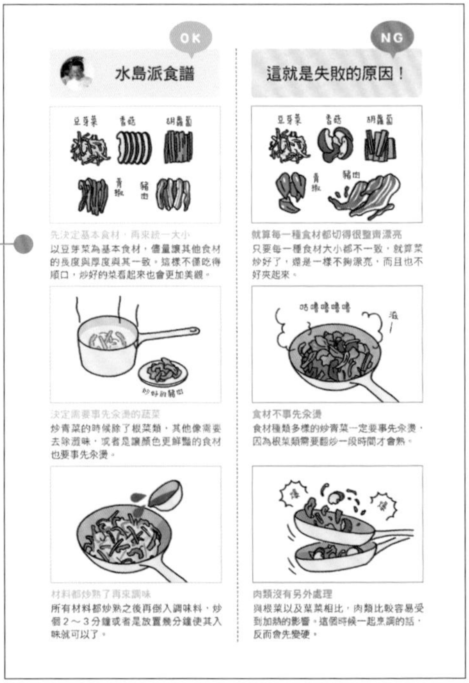

OK 水島派食譜

豆芽菜 香菇 胡蘿蔔 青椒 豬肉

先決定基本食材，再來統一大小
以豆芽菜為基本食材，儘量讓其他食材的長度與厚度與其一致。這樣不僅吃得順口，炒好的菜看起來也會更加美觀。

炒好的豬肉

決定需要事先汆燙的蔬菜
炒青菜的時候除了根菜類，其他像需要去除澀味，或者是讓顏色更鮮豔的食材也要事先汆燙。

材料都炒熟了再來調味
所有材料都炒熟之後再倒入調味料，炒個2～3分鐘或者是放置幾分鐘使其入味就可以了。

NG 這就是失敗的原因！

豆芽菜 香菇 胡蘿蔔 青椒 豬肉

就算每一種食材都切得很整齊漂亮
只要每一種食材大小都不一致，就算菜炒好了，還是一樣不夠漂亮，而且也不好夾起來。

咕嚕嚕嚕嚕

食材不事先汆燙
食材種類多樣的炒青菜一定要事先汆燙，因為根菜類需要翻炒一段時間才會熟。

肉類沒有另外處理
與根菜以及葉菜相比，肉類比較容易受到加熱的影響。這個時候一起烹調的話，反而會先變硬。

● 水島理論

透過理論，深入解說「美味的訣竅」

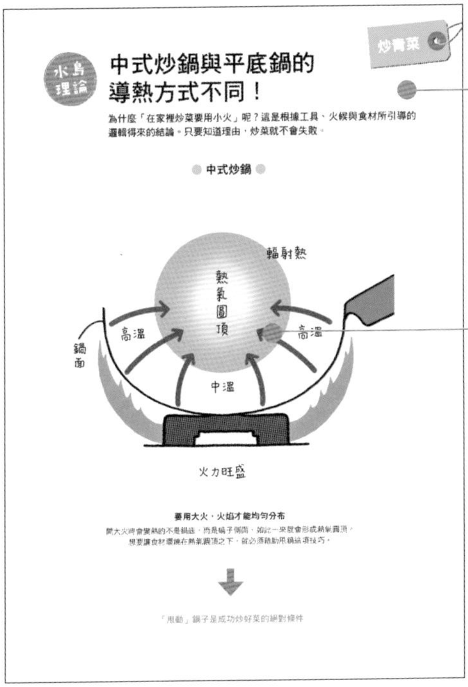

重點

掌握「水島語錄」的精髓！

水島老師利用自己的方式，揭曉理論的真面目。藉由文字解說理論之後，再利用圖片幫助理解，這樣大家就能夠掌握內容了。

重點

展開「一看就懂」的理論

以照片及插圖為主，深入並且詳細說明，以幫助理解水島派食譜。

● 食譜

終於要挑戰「絕對不會失敗」的料理了。

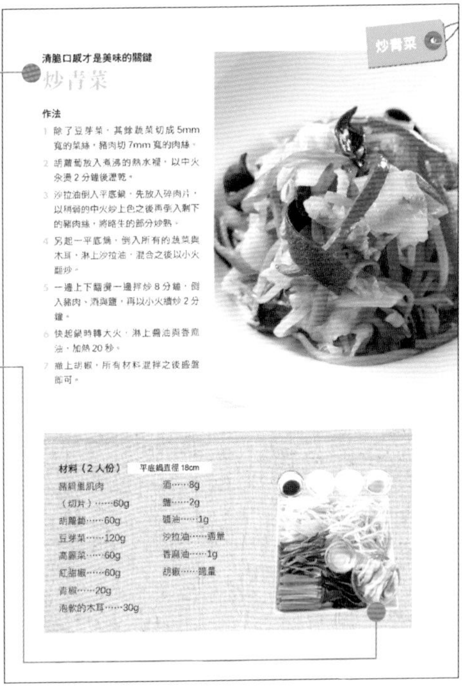

重點

介紹絕對不會失敗的食譜

一定要按部就班跟著老師的步驟一起做。充分理解本文的說明之後再來下廚的話，絕對不會把菜煮壞的。而配菜的食譜在分量表中並不會特地標示出來。

重點

一眼看出量感與色彩的均衡

想要做出一道賞心悅目的佳餚，最重要的就是要量感與色彩均衡。為了讓大家具體掌握到這一點，本書還特地準備了材料的照片。不過分量依喜好準備的東西，或者是一些裝飾用的材料未必會通通出現在照片之中。另外，除非特別記載，否則沙拉油的分量一律為適量。

為什麼

煮個菜老是失敗呢？

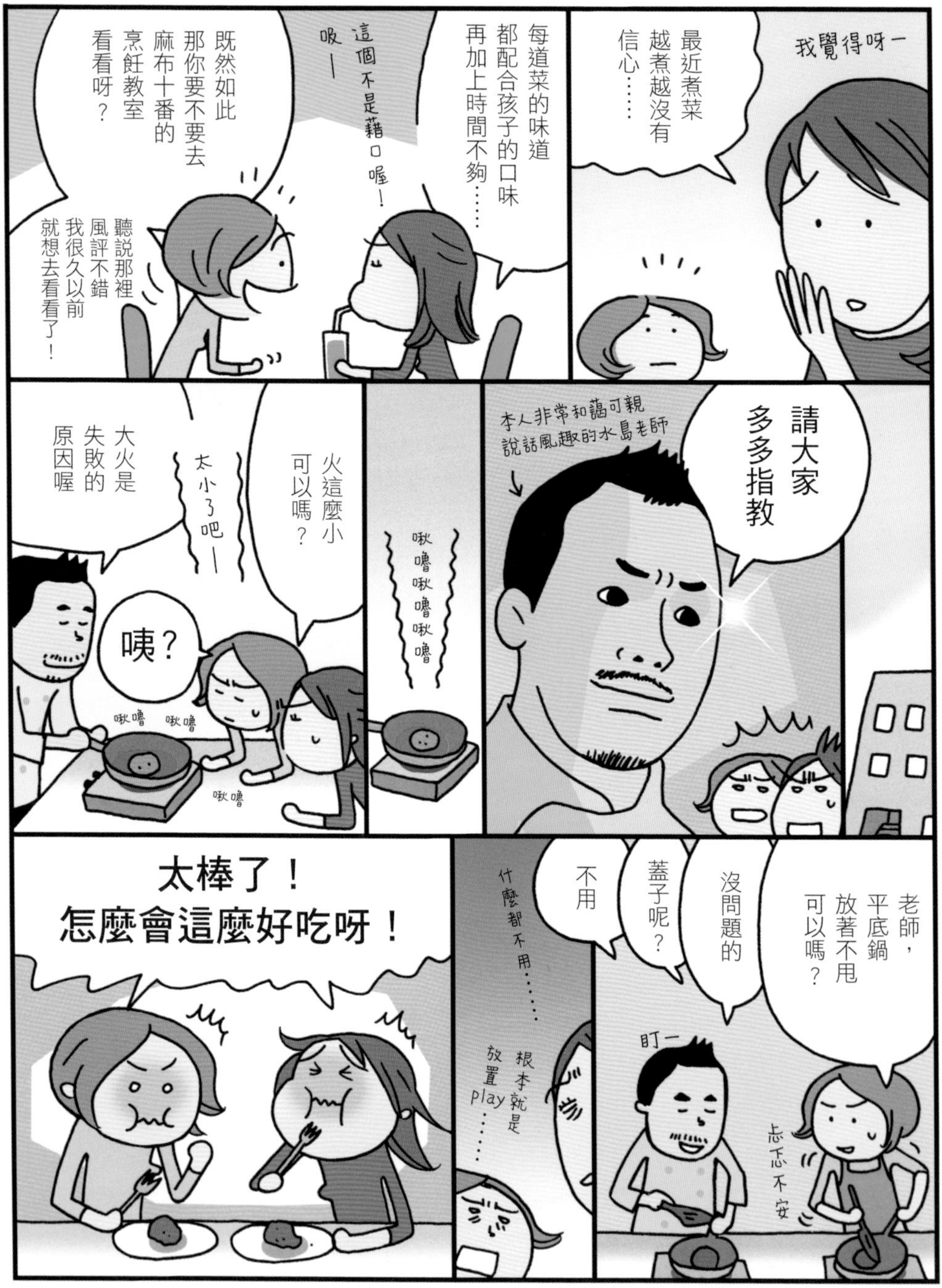

我覺得呀—
最近煮菜越煮越沒有信心……
每道菜的味道都配合孩子的口味再加上時間不夠……
這個不是藉口喔！
吸—
既然如此那你要不要去麻布十番的烹飪教室看看呀？
聽說那裡風評不錯我很久以前就想去看看了！
請大家多多指教
本人非常和藹可親說話風趣的水島老師
啾嚕啾嚕啾嚕
火這麼小可以嗎？
太小了吧—
大火是失敗的原因喔
咦？
啾嚕 啾嚕
啾嚕
老師，平底鍋放著不用可以嗎？
沒問題的
蓋子呢？
不用
盯—
忐忑不安
什麼都不用……
根本就是放置play……
太棒了！怎麼會這麼好吃呀！

蓬鬆柔軟
鮮嫩多汁
看起來又漂亮
而且滋味甘甜
為什麼會差這麼多!?
哪裡不一樣!?
全部?
太好吃了啦
在家煮的菜當然不算失敗
女性同胞的敵人脂肪砍
喝
咳、咳
咚
飛
可是煮菜的方法與步驟一定有其科學根據
如果能夠充分理解好好掌握訣竅的話做菜絕對不會失敗
原來如此
粉
失敗果然是有原因的
沒錯
嚴格來講煮菜並沒有所謂的「失敗」
但是在這本書中姑且讓我把那些情況歸在「失敗」項目下
焦了
半生不熟
抱歉囉
煮菜為什麼會失敗
在烹調的過程當中一定有其理論
就讓我們一一揭曉闡明吧
如此一來
平常做的那些菜一定會不同凡響的喔!
那就麻煩老師了!

Chapter 1

從基本菜色開始挑戰吧！

材料的購買與烹調都非常簡單的家常菜，出現在餐桌上的機率也是 No. 1。接下來就讓我告訴大家一些訣竅，把「常吃的菜」變成「永遠美味的佳餚」吧！

Contents

為什麼

肉會外熟內生呢？

煎肉

香香酥酥的雞肉、鮮嫩多汁的豬肉，還有肥美亮麗的鮭魚，這些都是利用水島派食譜煎出來的成果。外熟內生這種常見的失敗，必有其因。

Q 煎肉的時候，為什麼常常會外熟內生呢？

A 這個問題只要調整火候就可以解決了。貿然用大火煎肉的時候，外層雖然馬上就熟了，但是內層卻還在加熱當中，也就是熟得不夠徹底。所以煎肉的時候要用小火慢慢加熱喔！

Q 雞肉會從皮面滲出油，可是鍋子怎麼反而會燒焦呢？

A 鍋子裡有油，並不代表這樣就不會燒焦。沒有好好保養的話，鍋子表面就會受到損傷，如此一來，食材的蛋白質就會滲入其中，這就是鍋子燒焦的原因。所以洗鍋子的時候千萬不可以用力刷，更不可以用鬃毛刷洗。在鍋子裡倒滿水，煮沸洗淨才是最正確的。

Q 用叉子在肉上面刺洞，或者是拉長加熱的時間把肉煎熟，這樣可以嗎？

A 蛋白質變硬的話肉會整個縮起來，這樣就算在上面刺洞也是白費工夫。如果是要讓調味料的味道滲入肉裡面，這個方法或許可行。另一方面，長時間加熱只會讓細胞縮小的情況更嚴重，造成水分流失，這樣只會讓肉變得又乾又硬。

Q 蓋上鍋蓋燜的話肉會不會比較快熟呢？

A 煎的時候蓋上鍋蓋的確可以讓肉更快熟，但是相對的溫度也高，所以肉變硬的機率也會跟著提高。

Q 不太喜歡肥肉的時候，除了切下，還有其他方法嗎？

A 倒多一點油在鍋子裡，肉立起來從肥肉開始加熱。充分加熱的話多餘的油脂就會從肥肉與膠原蛋白中釋出。連同一開始倒進的油丟棄，這樣就能夠大幅減少油脂了。

煎出硬邦邦的雞肉

原因不是烹調的時候用大火加熱，就是加熱的時候蓋上鍋蓋，使得肉汁整個流失。

煎好的豬肉跟碗一樣凹凸不平

原因在於突然加熱。這時候要先在脂肪與肉筋上面劃入刀痕，之後再用小火加熱即可。

跟鮭魚乾一樣又乾又硬

長時間或用大火加熱會造成細胞收縮，水分流失，使得魚肉變得又乾又硬。

OK

水島派食譜

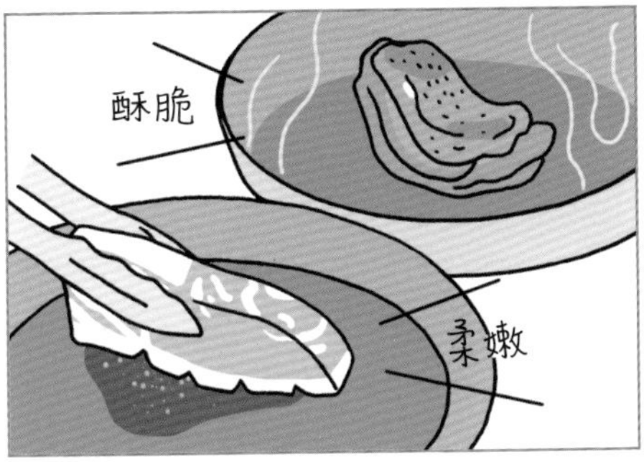

把皮面或脂肪部分整個煎熟

脂肪部分用高溫慢煎不僅可以去除腥味，口感也會變得更加酥脆。

用稍弱的中火煎

用稍弱的中火將溫度升至 180℃，接著再轉小火，煎的時候溫度維持不變。

不用蓋上鍋蓋，用小火慢煎

不要蓋上鍋蓋，讓水分蒸發，這樣就能夠煎出外酥內嫩的肉了。

NG

這就是失敗的原因！

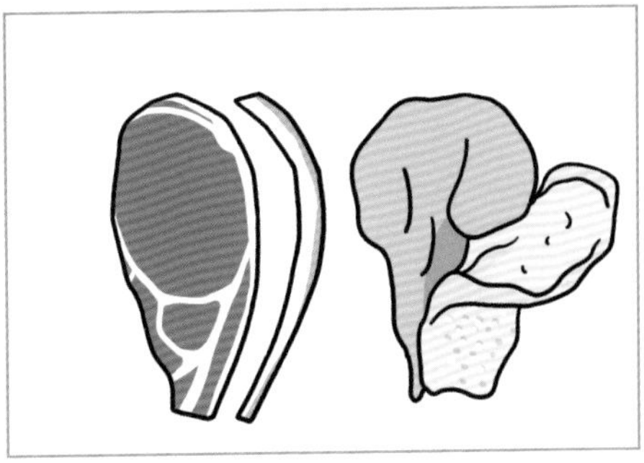

脂肪切太多下來或者是肉筋劃太細

脂肪切下來的話食材會一下子就煮熟。另外，肉筋劃太細還會讓水分流失。

一下鍋就立刻用大火烹調

肉一下鍋就用大火煎的話會破壞細胞，導致水分流失，反而會讓口感變硬。

煎的時候蓋上鍋蓋

蓋上鍋蓋的時候，鍋內的溫度會因為水蒸氣而整個上升，使得食材口感變硬。

水島理論

大部分的料理用小火烹調就不會失敗！

一道菜色香味是否俱全，關鍵在於火候。如果能夠區分使用，這樣原本「平淡無奇」的菜餚就會變得格外美味了。

小火

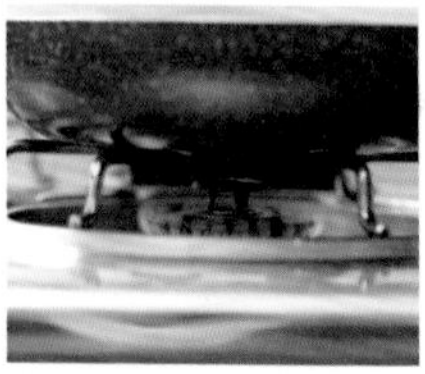

火焰完全碰不到鍋底。任何食材都不會煮糊，適合所有料理。

稍弱的中火

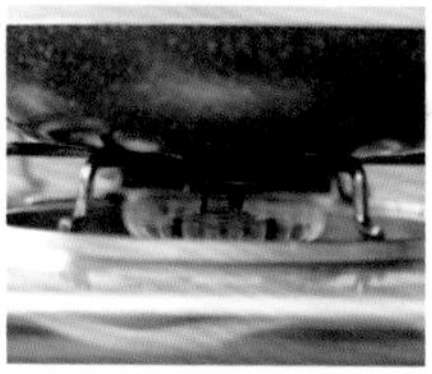

火焰勉強碰到鍋底。用在提升溫度，或者是把肉煎上色的時候。

中火

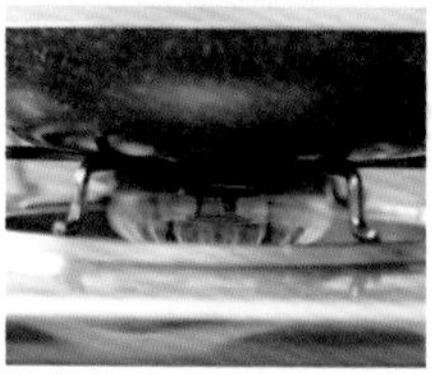

火焰貼著鍋底。用在熬煮，或者是把肉煎上色的時候。

大火

火焰整個貼著鍋底。用在煮開水，或者是想要把肉煎得焦一點的時候。

小火 × 烹調時間與食材變化

從烹調開始，經過

0 分鐘

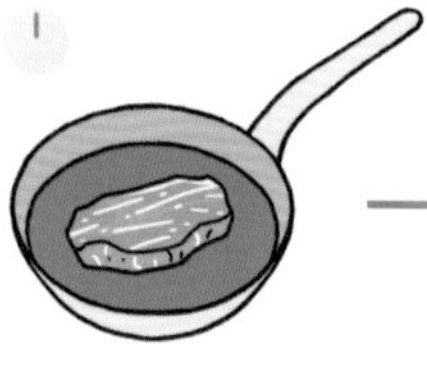

把油倒在冷鍋上，放入食材之後再開火。食材還沒放就先開爐火的話溫度會過高，這一點要注意。

從烹調開始，經過

30 ～ 40 秒

當肉開始發出「滋」的聲音或者是冒出泡泡的時候，就代表鍋子表面的溫度已經超過 100℃了。記得掌控火候，儘量在 30 秒或 40 秒內把鍋子熱到這種程度。

從烹調開始，經過

2 分鐘

當鍋子發出噗滋噗滋的聲音，油與水分開始飛濺至鍋外時，代表鍋內溫度已達 180℃。此時把火候轉小，維持相同狀態煎肉。

從烹調開始，經過

10 分鐘～

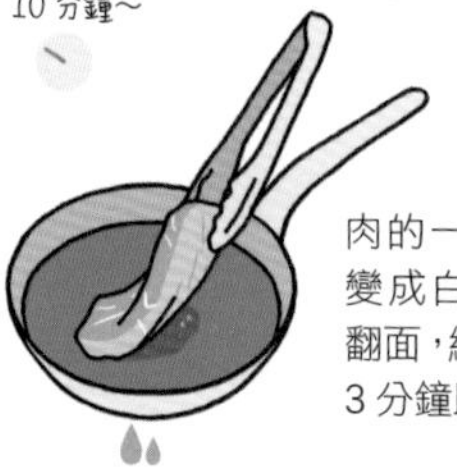

肉的一半高度變成白色之後翻面，續煎 2～3 分鐘即可。

鍋子冒出油煙代表溫度已經超過 200℃了，這時候先熄火，暫停烹飪

有的人食材與調味料還沒準備好就已經開始熱鍋，這是導致失敗的最大因素。開始冒煙的鍋子溫度通常已經超過 200℃。在這種情況之下，不管是什麼樣的食材，只要一下鍋，一定會燒焦，不然就是變硬。

不失敗的基本煎肉法

煎雞排

作法

1 雞肉撒上分量約其重量 0.8% 的鹽。

2 沙拉油倒入平底鍋，雞皮朝下放入鍋，以稍弱的中火煎。

3 當雞肉釋出水分，開始發出噗滋噗滋的聲音之後轉小火。

4 用廚房紙巾擦拭浮末、油與多餘的水分。

5 當雞皮煎上色，側面超過一半變成白色之後翻面。到這個階段約需 10 ～ 12 分鐘。

6 翻面後續煎 2 ～ 3 分鐘，整塊雞排差不多煎 12 ～ 15 分鐘之後，熄火撒上胡椒即可。

材料（1 人份） 平底鍋直徑 18cm

雞肉（腿肉或胸肉）……1/2 片（120g）
鹽……雞肉重量的 0.8%
胡椒……適量
沙拉油……適量

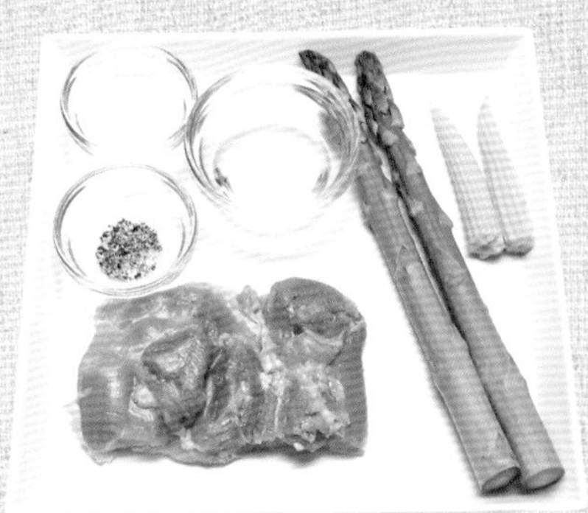

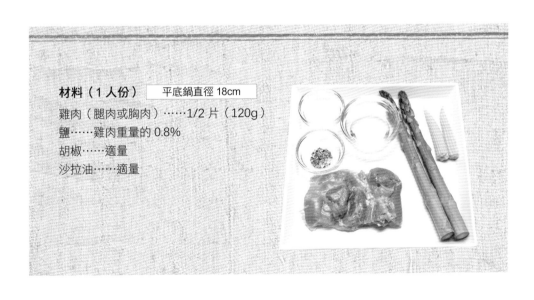

美味關鍵，在於芳香微辣的胡椒

煎豬排

作法

1 豬肉脂肪每隔 1cm 劃上一條切痕。

2 平底鍋倒入適量的沙拉油，豬肉立起，脂肪朝下貼著鍋面，用小火煎出油脂之後，再用廚房紙巾將多餘的油擦拭乾淨。

3 量好豬肉重量，撒上分量約其重量 0.8% 的鹽。

4 平底鍋的溫度降至 80℃時，放入適量的沙拉油與 **3** 的豬肉，用小火從盛盤時會朝上的那一面開始煎。當側面看出豬肉變白的部分超過一半時，用廚房紙巾把油擦乾，翻面續煎 2～3 分鐘。

5 豬肉起鍋，用大火熱好鍋之後放回豬肉並煎上色。

6 最後熄火撒上胡椒即可。

材料（1 人份） 平底鍋直徑 18cm

肩胛里肌豬肉（1cm 厚）……1 片
鹽……豬肉重量的 0.8%
胡椒……適量
沙拉油……適量

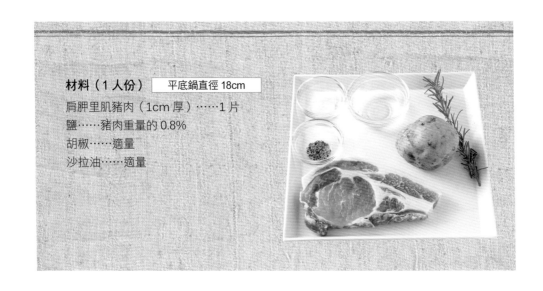

煎出美麗的顏色

煎鮭魚排

作法

1 鮭魚撒上分量約其重量 0.8% 的鹽。

2 平底鍋熱好油，魚皮面朝下入鍋，以稍弱的中火煎。溫度超過 180℃時轉小火。

3 鮭魚煎至八分熟時翻面，續煎 2 ～ 3 分鐘並熄火。

4 完成時撒上胡椒，盛盤即可。

材料（1 人份） 平底鍋直徑 18cm

鮭魚（肉片）……1 片（120g 左右）
鹽……鮭魚重量的 0.8%
胡椒……適量
沙拉油……適量

為什麼

奶油會焦掉
吃起來粉粉的呢？

別以為奶油煎就是「散發出奶油香的油煎法」。一般的油煎和奶油煎這兩者烹調方式根本就不一樣。但是只要掌握訣竅，充分利用奶油的特性，就能夠做出口感蓬鬆柔嫩的上等奶油煎了。

Q 製作奶油煎的時候，為什麼常常會變成油膩不堪的奶油煎魚，而且奶油一下子就燒焦呢？

A 真正的奶油煎，其實要把食材放入和慕斯一樣細膩的奶油泡中，慢慢加熱烹調，絕對不是奶油口味的煎魚。而且少量的奶油用大火煎，當然會變成褐色。

Q 我很常做這道菜耶！可是要怎麼做，才能夠把奶油的美味整個提引出來呢？

A 奶油裡頭含有許多水分，所以溫度上升的速度原本就比一般的油還要慢。但是只要利用這個特性，慢慢把食材煮熟的話，就能夠烹調出柔嫩水潤的口感了。

Q 在維持較低溫度的情況之下，要怎麼做才能夠把食材煮熟呢？

A 先使用分量比大家預想的還要多的奶油，製作一片充滿泡沫的奶油海。一邊用小火加熱，使其慢慢融化，一邊讓奶油的溫度上升之後，再用大湯匙將融化的奶油舀起，倒回鍋中。只要不斷重複這個步驟，奶油的溫度就不會過高。奶油最佳的溫度為120℃。照理說，煮熟食材，這個溫度其實已經足夠了。

Q 煎的時候為什麼會變得粉粉的，而且燒焦的奶油還會變得硬邦邦的，整個黏在上面呢？

A 食材打上底粉也是需要技巧的。均勻打上底粉的方式請參考22頁的說明。

Q 適合用奶油煎這個手法烹調的食材有哪些？

A 這種烹調方式，是在120℃的奶油海中讓「泡沫」舞動之後，再把魚和肉放入鍋中煎熟，因此適合一加熱就會變熟的里肌肉、豬胸肉與雞胸肉，魚的話可以選擇旗魚等白肉魚或者鮭魚，這樣就能夠烹調出柔嫩口感了。

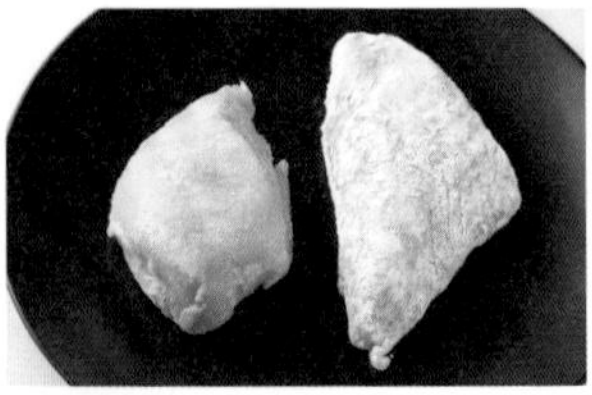

粉裹太多
就易剝落

底粉太多或者是撒得不夠均勻，會使得麵粉非常容易剝落，而且食材也會不容易煎熟。

火候不同
也會影響到食材大小

用大火一口氣加熱並不能煎出鬆軟的口感，反而會讓食材縮水變硬。

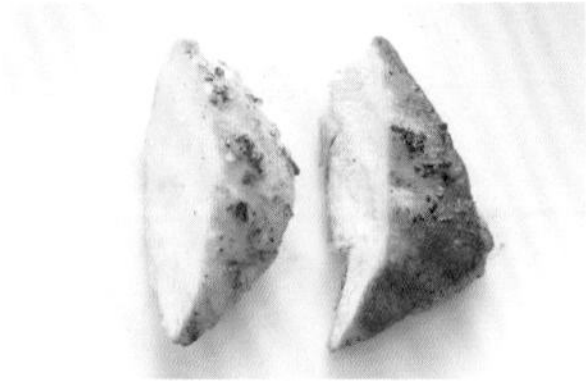

煎得太熟
裡面也會變得又乾又硬

為了把肉煎熟而長時間加熱，只會讓食材裡頭的水分整個蒸發，使得口感變得又乾又硬。

OK

水島派食譜

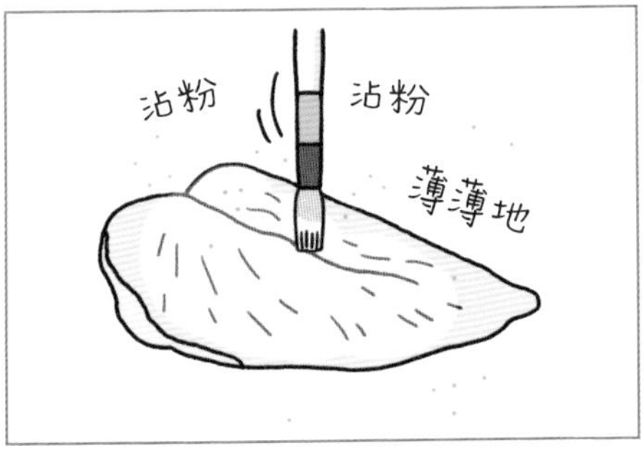
沾粉
沾粉
薄薄地

用刷子刷上一層薄薄的粉

將麵粉需要的分量倒在小碟子中，用刷子將底粉撲打在食材上（→ p.22）。

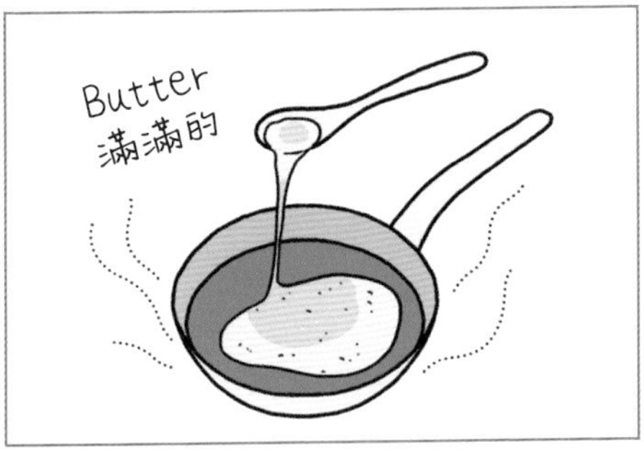
Butter
滿滿的

讓食材在奶油海裡慢慢游泳

用湯匙舀起融化的奶油，將其淋在食材上，並且把溫度控制在可以冒出泡沫的程度（→ p.23）。

NG

這就是失敗的原因！

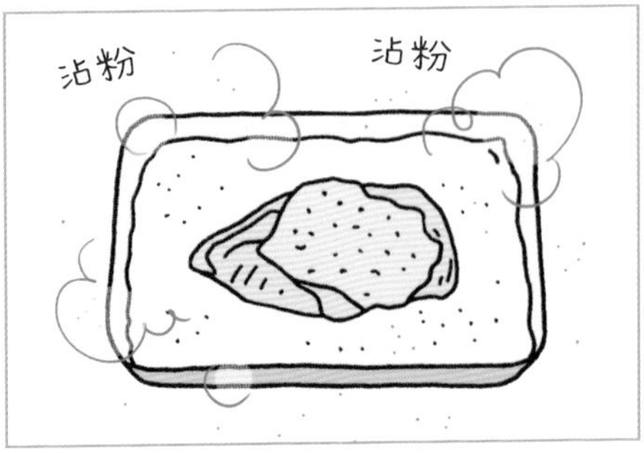
沾粉
沾粉

粉沾太多，而且不夠均勻

將麵粉倒在淺盆中以用來沾裹食材的方法，不僅會沾得不夠均勻，而且還會剩下一堆麵粉。

Butter
一點點

奶油的量太少

平底鍋的溫度升得太高，食材會非常容易燒焦。

最後再加些檸檬汁，口味就會更加清爽不膩了！

奶油用的分量還不少耶。

水島理論

細緻的撲上麵粉 鎖住鮮味的關鍵

食材表面要和化妝時上粉撲一樣，均勻地打上一層薄薄的底粉。這樣不僅可以讓食材的水分適度得到吸收，還能夠預防水分與鮮味流失。

● 打上麵粉的方式 ●

麵粉倒在小碟子裡 用多少就取多少

取一刷頭可以沾到粉的小碗，倒入少量的麵粉，用多少就補多少。

刷粉的時候 要立起刷毛

刷毛垂直立在食材上，以填入食材的方式細心均勻地打上麵粉。

沾上一層 薄薄的麵粉就好

底粉打好之後刷下多餘的麵粉。如果覺得粉好像有點薄，就代表已經足夠了。

這太浪費了！我比較小氣（笑），不管做什麼，用的分量都會儘量少一點。

我每次都倒一堆麵粉在淺盆中，結果用到最後都丟掉耶。

水島理論

肉片要浸在奶油裡 讓「泡沫」舞動才最正確！

當奶油不停冒出細膩的泡沫時，就代表水分已經開始蒸發了。這時候要用大一點的湯匙舀起奶油，淋在食材上，以免溫度過高。

「奶油泡沫」舞動的兩個階段

用湯匙舀起奶油，調整溫度

舀起的奶油淋回鍋子的時候要避開食材，溫度約140℃。要注意溫度儘量不要太高。

奶油泡有一半變白時，食材就要翻面了

翻面之後奶油就可以淋在食材上了。再過2～3分鐘，就能上桌了。

奶油的顏色 差別竟然這麼大！

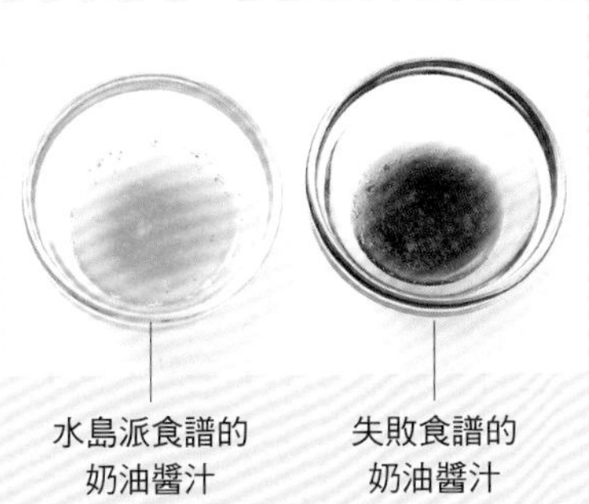

水、脂肪與蛋白質是構成奶油的要素。然而火候要是沒有拿捏好的話，奶油就會立刻焦掉。

不夠的話就「補上奶油」

當奶油泡沫變少，或者是奶油少到已經無法再舀起時，可以「補上奶油」，降低溫度。

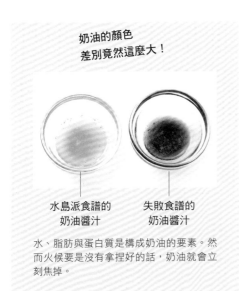

淋上爽口奶油醬汁

旗魚奶油煎

作法

1 小番茄切成四等分，荷蘭芹切碎末。

2 旗魚肉撒上分量約其重量 0.8％的鹽，並按照 22 頁的要領打上底粉。

3 奶油放入平底鍋，以稍弱的中火加熱，開始冒出泡沫時放入旗魚肉。

4 當整個鍋子都是奶油泡時用湯匙舀起，淋在旁邊而不是旗魚肉上。泡沫快要消失時就再補上 10g 奶油（分量外）。

5 旗魚肉周圍變白而且煎熟時翻面，續煎 30 秒～1 分鐘後即可起鍋盛盤。

6 將小番茄、荷蘭芹、酸豆、檸檬汁與鹽 0.4g 倒入 **5** 的奶油醬汁中，略為煮沸，再將整個醬汁盛入盤中即可。

材料（1 人份） 平底鍋直徑 18cm

劍旗魚……1 片（100 ～ 120g）
鹽……旗魚肉重量的 0.8%
胡椒……適量
低筋麵粉（底粉）……適量
無鹽奶油……30 ～ 40g
小番茄……60g
荷蘭芹……4g
酸豆……10g
檸檬汁……5g
鹽……0.4g

鮮嫩鬆軟，回味無窮

雞胸奶油煎

作法

1 雞肉去皮。芒果切 1cm 的丁狀，荷蘭芹切碎末。

2 雞肉撒上分量約其重量 0.8% 的鹽，並按照 22 頁的要領打上底粉。

3 奶油放入鍋，以稍弱的中火加熱；開始冒出泡沫時放入雞肉。

4 當整個鍋子都是奶油泡時用湯匙舀起，淋在旁邊而不是雞肉上。泡沫快要消失時就再補上 10g 奶油（分量外）。

5 雞肉有一半煎熟時翻面，續煎 2 分鐘後即可起鍋。

6 倒入芒果、荷蘭芹、酸豆、檸檬汁與鹽 0.4g，略為煮沸，雞肉盛盤後淋上醬汁即可。

材料（1 人份） 平底鍋直徑 18cm

雞胸肉……100 ～ 200g
鹽……雞胸肉重量的 0.8%
胡椒……適量
低筋麵粉（底粉）……適量
無鹽奶油……30 ～ 40g
芒果……40g
酸豆……10g
荷蘭芹……4g
檸檬汁……5g
鹽……0.4g

西式炒蛋

為什麼

會變成破破爛爛的炒蛋呢？

動不動就變成硬邦邦、整個破碎不堪的西式炒蛋。這時候不妨試著花些心思在工具、溫度調整與調味上，這樣就能夠做出和飯店早餐一樣蓬鬆柔嫩的西式炒蛋了！

OK

水島派食譜

蓬鬆 柔嫩

一邊慢慢攪拌，一邊用小火加熱

重點在於橡皮刮刀。炒蛋的時候要一邊輕輕攪拌，一邊用小火加熱。

比較

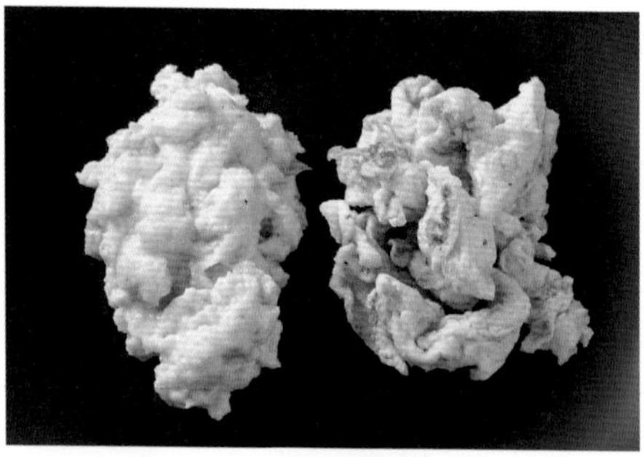

顏色沒有光澤，破破爛爛的

一邊用菜筷攪拌，一邊用大火加熱的話，煎出來的顏色會太焦，而且蛋的口感還會變得又老又硬。

NG

這就是失敗的原因！

早上就簡單煎個西式蛋捲吧
我最喜歡西式蛋捲了！
咦？是不是煎得太老了呀？
欸，算了
那就改成西式炒蛋吧
糟、糟糕
怎麼煎得支離破碎呀……
怎麼辦？
咦？蛋捲呢？
不不不
那個呀
都是雞蛋料理呀
支離破碎的炒蛋

蛋捲老是煎得不夠漂亮呢？

高湯蛋捲的材料如果準備得不夠齊全，就會煎得不均勻；而煎的時候火候如果沒有掌控好，就會捲得不夠漂亮，是一道非常不好做的菜。所以在這裡要請大家記住兩個要點，那就是蛋的攪拌方式與火候。

OK

水島派食譜

以切斷蛋筋的方式攪拌

立起菜筷，以畫「一」的方式前後攪動，切斷蛋筋之後，再用過濾器過篩。

比較

隨處可見殘留的蛋白

蛋筋沒有切斷，蛋黃與蛋白就會無法均勻攪拌，這樣成品會出現斑紋。

NG

這就是失敗的原因！

口感綿密，蛋香奶香濃郁

西式炒蛋

作法

1 蛋打入盆缽中，以27頁的要領攪拌。
2 液態鮮奶油、牛奶、鹽與胡椒倒入1，混合攪拌。
3 沙拉油倒入平底鍋，注入蛋液，以小火加熱。
4 用橡皮刮刀慢慢將材料均勻攪拌，略為凝固之後再迅速攪動橡皮刮刀。
5 等整體變成半熟狀之後熄火，最後再盛入盤中即可。

材料（1人份） 平底鍋直徑18cm

蛋……2個
液態鮮奶油……10g
牛奶……10g
鹽……總重量的0.8%
胡椒……適量
沙拉油……適量

英挺雄姿，宛如高級料亭的佳餚

高湯蛋捲

作法

1 蛋打入盆缽中，以27頁的要領攪拌。
2 日式高湯、鹽、醬油與砂糖倒入 **1**，混合攪拌後過篩。
3 沙拉油倒入平底鍋，**2** 的蛋液注入 1/4 之後開小火。
4 當蛋液煎至鍋子傾斜也不會流動時捲起蛋皮。相同步驟重複 4 次。
5 用壽司竹簾塑整形狀，最後再盛入盤中即可。

材料（1 人份） 平底鍋直徑 18cm

蛋……3 個（170～180g）
日式高湯……50～55g（約雞蛋重量的 30%）
鹽……1g
醬油……3g
砂糖……0.4g
沙拉油……適量

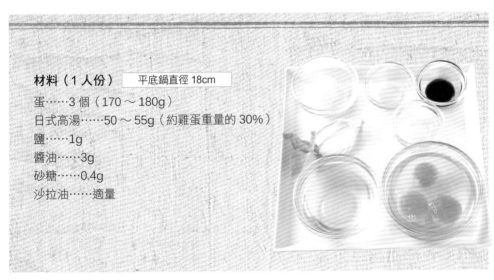

為什麼 魚皮會焦掉而且還出現水泡呢？

便宜美味又營養，而且只要放在烤魚箱裡烘烤就可以享用了。儘管如此，沒有自信烤好一條魚的人卻出奇地多。你是不是常常慌張到把魚烤焦，不然就是爐火開太大，把魚烤得硬邦邦的呢？既然如此，就讓我們好好學一下不會失敗的烤魚方法吧！

Q 明明是只要放在烤魚箱裡烘烤就可以上桌的烤魚，但就是沒有自信可以把魚烤好，因為烤出來的魚不是皮燒焦，整個黏在網架上，就是起水泡甚至破皮，烤好的魚根本就不夠漂亮。

A 日本每個家庭的瓦斯爐都附有一個烤魚箱，而且烤魚的時候門通常都會關起來，這正是問題所在。烤魚的時候把門關起來不僅會讓爐內的溫度過高，還會讓魚本身的水分無處可逃，導致魚皮起水泡，魚肉變得又乾又硬。

Q 可是烤秋刀魚的時候門沒有關的話，整個屋子會臭氣沖天，該怎麼辦？

A 秋刀魚在烤的時候散發出來的那股強烈臭味，其實是滴落的油脂燒焦燃起的煙，冒出的油煙味道非常不好聞，所以高級料亭在烤秋刀魚的時候，都會儘量不讓魚身上的油滴下來。想在家裡如法炮製，那就要用小火慢烤，這樣就不會冒出油煙，更不會散發出臭味，烘烤時就算打開烤箱門，也不會惹得一身腥了。

Q 不關爐門烘烤有什麼要點？

A 到百元商店買到烤盤時先鋪上一層鋁箔紙，再把魚放在烤魚箱的網架上烘烤，記得不要倒水。一開始就把原有的烤盤或者是烤箱門拆下也沒關係。或者用市售的煎魚鍋也可以，烤魚時不用瓦斯爐的烤魚箱，使用後反而更容易清理。

Q 把魚烤得漂漂亮亮，完全不會破皮或燒焦的要點是什麼？

A 蛋白質一旦遇熱變形，就會黏在網架上甚至燒焦。這個問題雖然用小火烹調就可以迴避，但是情況如果太糟糕的話，在魚皮上先塗上少量的醋再來烘烤也不失為一個好方法。

關上烤箱門烤魚
要注意會黏手的油脂

油脂應該是很美味的，但是全部都釋出滴落的話，魚就會整個烤焦，這就是散發出強烈臭味的起因。

魚皮焦黑
殘留苦味

用烤魚箱烤魚的缺點，就是離火太近。火候要是搞錯，魚可是會一下子就烤焦的。

成功範例

OK

水島派食譜

NG

這就是失敗的原因！

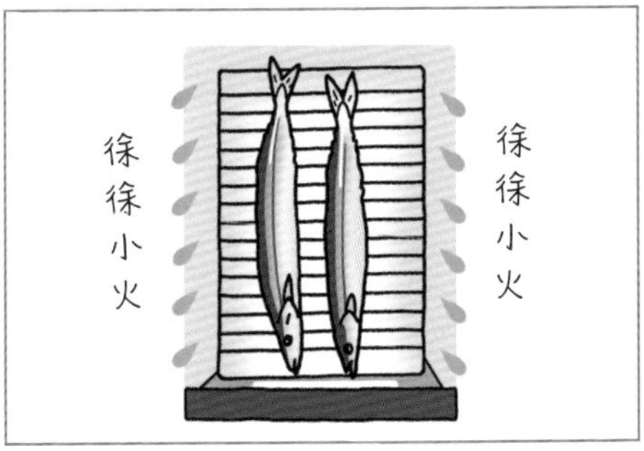
徐徐小火
徐徐小火

烤魚箱裡的火候基本上採用小火

慢慢加熱，就能夠避免食材急速變化，這樣就能夠烤出鮮嫩多汁的烤魚。

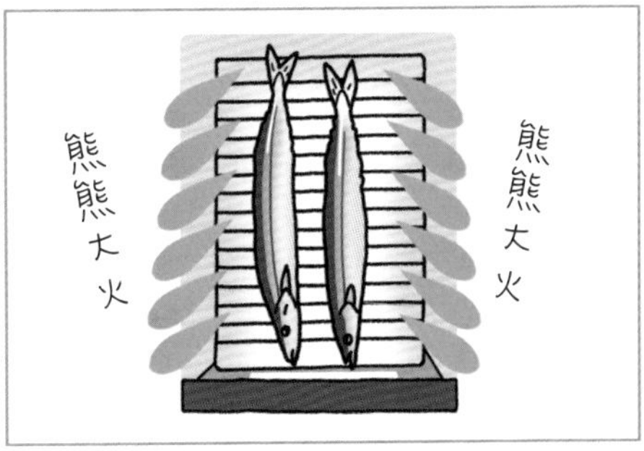
熊熊大火
熊熊大火

從不在意火候大小

有人烤魚的時候從不在乎烤魚箱的火候，可是用大火烤怎麼可能不會燒焦呢？

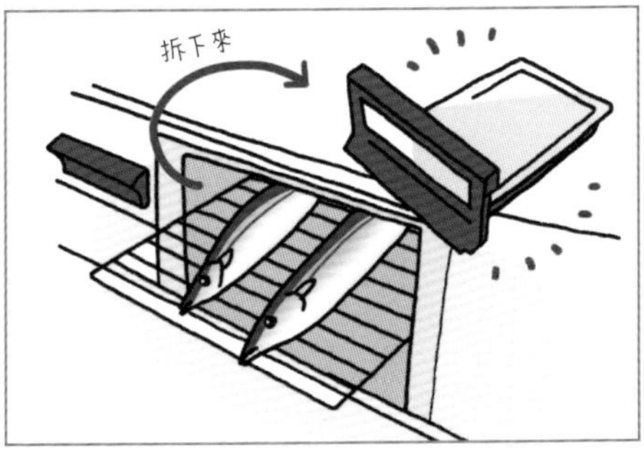
拆下來

附屬品一律不用

重點在於不要讓烤箱形成一個密閉空間。用市售的煎魚鍋烹調也可以。

在底盤倒水，變成悶燒

烤魚時關上烤箱門，就等同於把水蒸氣關在裡面，這樣內部溫度當然會急速上升！不僅如此，魚本身的水分也會跟著蒸發。

有些新款式的烤魚箱如果沒有把門關好就不會啟動。這時候可以偶爾把門打開，讓烤箱裡的熱散發出去，儘量讓裡頭的溫度不要太高。

不用烤魚箱嗎!?
我想都沒想過耶！

水島理論

秋刀魚會烤焦都是烤魚箱的錯！！

不容易調整火候、推薦燜燒的烤魚箱……如果是這樣，不如先暫停使用烤魚箱吧。稍微「轉個念」，烤出來的魚可是會好吃地嚇人呢！

整個熱氣悶在烤箱裡會烤焦的!!

瓦斯爐附設的烤魚箱通常採用門、烤盤與烤網一體的構造，可是這樣關上門烘烤的時候，烤箱內部的溫度沒多久就會飆升。

魚本來就非常容易燒焦，尤其是脂肪較多的魚皮更是只要火稍微大一些，就會整個糊掉破碎，使得魚本身所帶的水分也跟著急速蒸發，所以經過高溫烹調的魚外觀不僅不好看，魚肉還會變得又乾又硬。

拆下固定在瓦斯爐上的烤魚箱配件，做成一般烤箱狀之後再來烤魚。用百元商店的烤盤與烤網就可以了。

火候太大會烤焦的!!

常聽到有人說烤魚時一開始就直接用大火烘烤，中途跑去做其他事的時候結果就忘記了……可是大家知道嗎？烤魚箱的火候其實是可以調整的。而且烤魚箱還有一個特徵，那就是食材會直接接觸到火，與火苗的距離非常近，這也代表食材會非常容易燒焦。

另一方面，魚皮明明已經燒焦了，可是裡頭的魚肉卻還是半生不熟。這種失敗也是大火造成的，所以在控制火候的時候，一定要小心謹慎。

請牢記，這是烤魚箱的小火。只有在將魚烤上色的時候，用稍弱的中火才會比較恰當。

皮黏在網子上會烤焦的!!

烤魚最常出現的失敗，就是燒焦。魚皮黏在網架上或者是燒焦的話，整條魚的魚肉就會支離破碎，烤不出漂亮的魚。這是魚肉的蛋白質遇熱產生變化所引起的現象，稱為熱凝固。原因是網架的金屬與蛋白質產生反應所造成的。

熱凝固以50℃為界，溫度越高，這種情況就越容易出現。

告訴大家一個訣竅，酸可以有效解決熱凝固這個現象。所以烤魚的時候只要在魚的表面塗上一層醋或檸檬汁，這個問題就可以迎刃而解了！

名副其實、雄姿英挺

鹽烤秋刀魚

作法

1 在秋刀魚的兩面撒上分量約其重量 0.8% 的鹽。

2 將烤網或鋪上一層鋁箔紙的烤盤放在網架上，擺好秋刀魚之後不需密封空間，直接開小火。

3 烘烤 10 ～ 15 分鐘，當魚眼變成白色時翻面。

4 待另外一邊的魚眼也變白時將火轉大，讓魚烤上色。另外一面亦同。

材料（1 人份） 烤魚箱

秋刀魚……1 條
鹽……秋刀魚重量的 0.8%

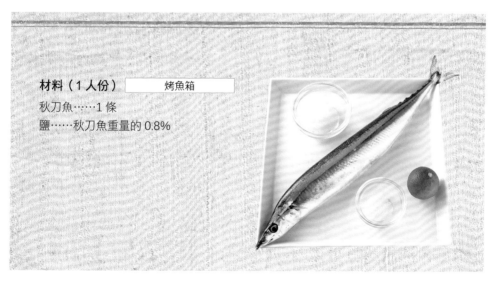

為什麼

漢堡排又焦又老又硬呢？

動不動就用醬汁含糊帶過的漢堡排。用燉煮漢堡排這種方式來遮醜的人是不是格外多呢？這道菜的美味關鍵並不在於醬汁，而是漢堡排本身的味道。接下來就告訴大家讓漢堡排鮮嫩多汁的作法吧！

Q 家裡的先生小孩都很喜歡吃漢堡排，可是在做這道菜的時候卻沒有什麼自信，第一個煩惱就是形狀做不好。

A 形狀不夠漂亮，代表肉沒有整個黏著在一起。

Q 為什麼肉會散開、無法完全黏合呢？

A 我想妳應該是用手揉和的吧？這才是失敗的原因。用手揉和的話，手的溫度會傳遞給肉，形成類似加熱的狀態，導致材料無法黏著。另外，與炒洋蔥、冰牛奶以及常溫的麵包粉混在一起攪拌也不好。最好是先將鹽撒在肉裡，用肉槌搗打，這樣才能夠讓肉整個黏著在一起。

Q 塑整成形的時候會讓正中央凹下去，可是這樣還是不知道裡頭熟了沒。有時甚至還會出現外焦內生的情況。

A 表層會燒焦應該是煎的時候蓋上鍋蓋造成的，因為這麼做會讓鍋子內部的溫度急速上升。如果不是這樣，那就是火候太大了。另外，讓漢堡排正中央凹個洞沒有什麼意義，其實只要看到整個漢堡排表面均勻浮出一層油，就足以證明裡頭熟了。

Q 為什麼有的地方會燒焦，有的地方會變硬呢？

A 所有材料攪拌均勻是成功做出漢堡排不可或缺的要素。不過攪拌的時候要避免直接用手，儘量使用橡皮刮刀。

Q 漢堡排有時候會整個支離破碎，為什麼會這樣呢？

A 有可能是選肉的方式不對。肉冷凍過後裡頭的細胞會整個遭到破壞，這樣做出的漢堡排會非常不容易黏著。最理想的方法，就是直接到肉店買肉，但如果只能買到解凍肉，那就只能儘量避免再次冷凍了。

切成碎末的洋蔥燒焦
整塊漢堡排變得黏黏的

切碎纖維的洋蔥加熱太久的話，流出的水分會與油混在一起，讓漢堡排整個變得黏黏的。

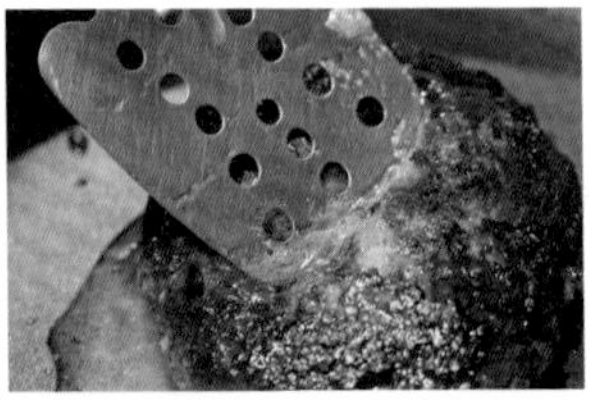

鮮甜的肉汁
整個流失

漢堡排裡頭的鮮甜肉汁會流失，是因為絞肉之間沒有整個黏著所造成的。

煎好的漢堡排看起來
扁又硬邦邦的

火候太大的話肉的細胞會縮水，使得裡頭的水分跟著蒸發，導致漢堡排整個變硬。

OK

水島派食譜

讓肉整個黏合

在添加其他材料之前，先將撒上鹽的肉整個搗成肉泥，讓絞肉整個黏和。記得，禁止徒手攪拌。

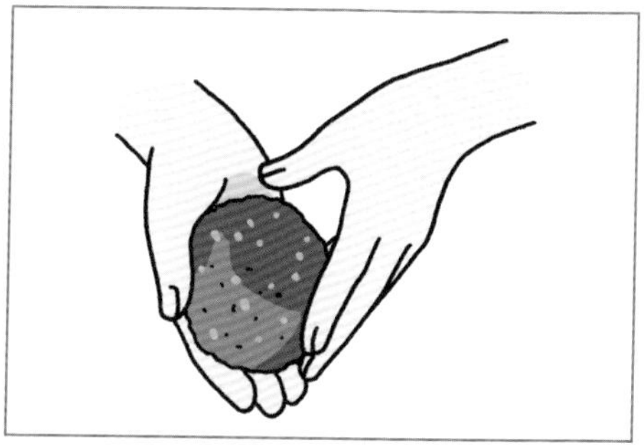

最後略為塑整形狀

只有最後塑整形狀的時候會用上雙手。不需花太多時間，大致塑形就可以下鍋了。

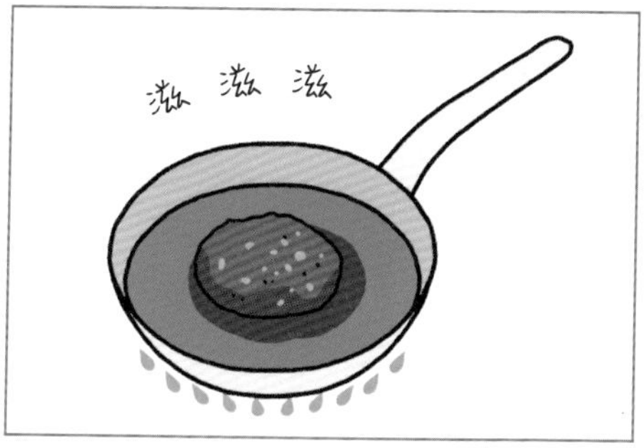

整個煎熟

內部煎熟最起碼要花上 15 分鐘。煎的時候記得用小火，以免外層燒焦。

NG

這就是失敗的原因！

所有材料一起攪拌

一開始就把所有材料丟在一起攪拌的話，會使得絞肉無法黏著，這樣煎的時候反而會容易破碎。

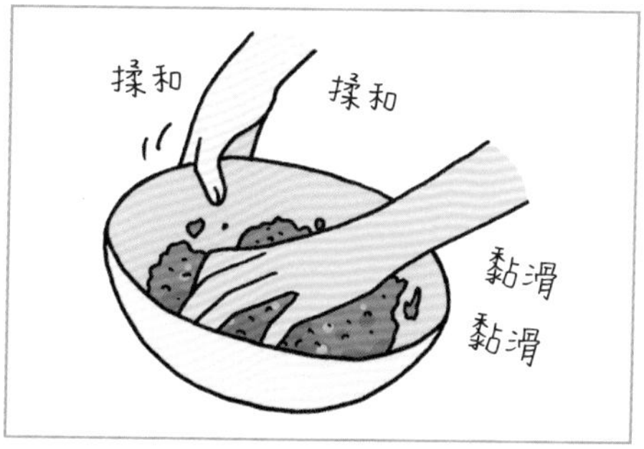

不可以用手揉和漢堡排

用手揉和的話手的溫度會轉移到肉，使得黏著力明顯變差，這就是漢堡排變得破碎的原因。

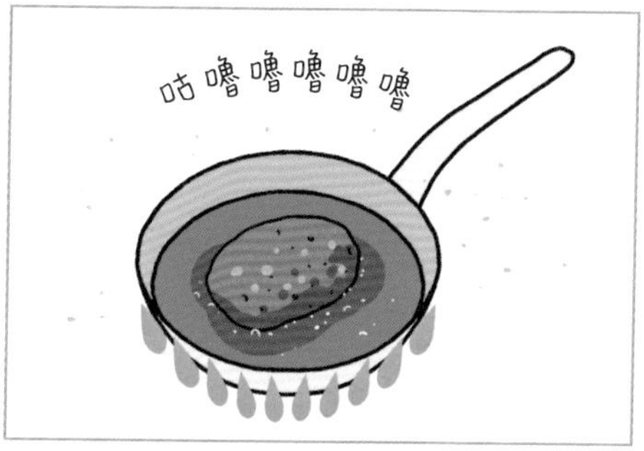

一開始就用大火煎

用大火煎的話只會讓表面在短時間內燒焦。如果外面燒焦，但是裡面還是生，100% 肯定是火候太大造成的。

水島理論

漢堡排的肉餡不可以用手揉和！

「手工揉和漢堡排」聽起來好像很好吃，但就邏輯上來講，這是錯誤的觀念。想要做出美味的絞肉餡，攪拌時要儘量不直接用手接觸。

讓肉整個黏合

用肉槌搗打讓肉黏合

肉撒上鹽，用肉槌搗打至充滿黏性，幾乎可以把整個盆缽黏起來為止。

用橡皮刮刀
將1與黏合材料混合攪拌

倒入浸泡過牛奶的麵包粉、炒過的洋蔥碎末以及其他材料與1略為拌和。

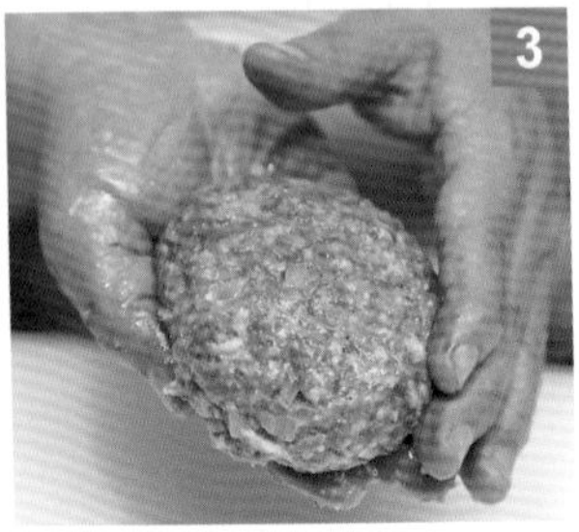

塑整形狀的時候才用手

最後塑整成形狀。只有這個部分手會接觸到肉餡，所以不要花太多時間，簡單塑形即可。

+α

煎的時候蓋上蓋

水分會蒸發

蓋上鍋蓋的時候鍋子內部會超過需要的溫度，使得食材裡頭的水分沸騰，連同肉汁一起流失。

煎的時候不上蓋

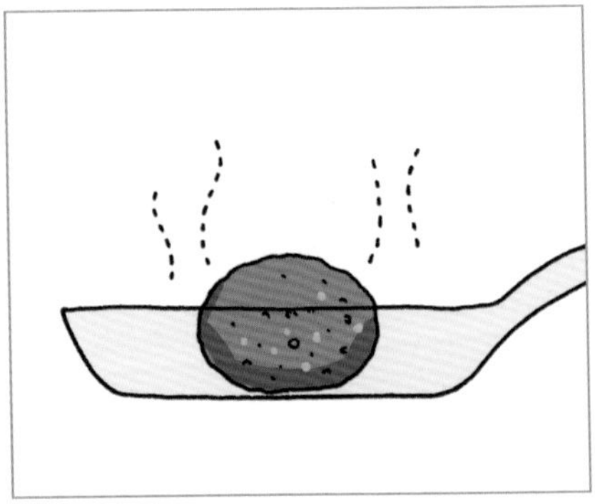

煎出鮮嫩多汁的漢堡排

不蓋上蓋子用小火煎，讓絞肉餡慢慢煎熱，這樣裡頭就會整個熟透。

絞肉鮮甜的滋味整個凝縮

漢堡排

作法

1 參考 36 頁的要領製作絞肉餡。

2 平底鍋鋪上一層沙拉油，放入 1 的漢堡排餡，以小火煎煮，並用廚房紙巾擦拭多餘的水分與油。

3 側面有一半煎熟時翻面，煎至正中央隆起，表面滲出肉汁。

4 將巴沙米可醋倒入鍋，以中火熬煮至濃稠時加入鹽與液態鮮奶油，均勻攪拌。

5 將 3 盛入盤中，淋上 4 即可。

材料（1 人份） 平底鍋直徑 18cm

牛豬混合絞肉……120g
鹽……絞肉重量的 0.8%
洋蔥（炒過的碎末）……40g
麵包粉……5g
蛋液……10g
牛奶……10g
肉豆蔻……1g
鹽……占肉以外的材料重量的 0.8%
胡椒……胡椒研磨器轉 2 圈半
沙拉油……適量

巴沙米可醋……25g
鹽……0.1g
液態鮮奶油……10g

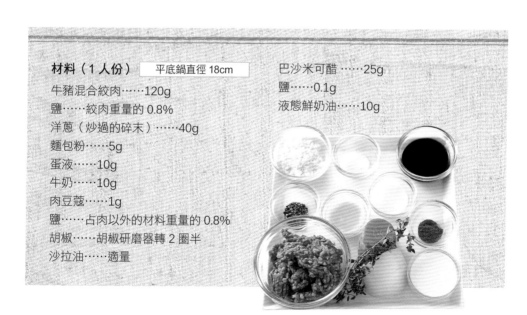

讓人食慾大開的甜辣醬汁

肉丸子

作法

1 參考 36 頁的要領製作絞肉餡之後，將其分成 5 等分，並揉成丸子狀。

2 洋蔥切 5mm 寬的薄片。平底鍋鋪上一層油，用小火將其炒軟。

3 另起一平底鍋，倒入高度剛好可以蓋住肉丸子的沙拉油，放入 **1** 的肉丸子，以稍弱的中火加熱，一半煎上色之後翻轉過來，讓另外一半也煎上色。整顆肉丸子都變色之後攤放在廚房紙巾上。

4 將 **3** 放入 **2** 的平底鍋裡，倒入醬油、黑醋、太白粉與砂糖，以小火加熱，一邊讓所有的肉丸子都裹上醬汁，一邊將其煮熟。

5 將 **4** 盛入盤中，再撒上蔥花即可。

材料（1 人份） 平底鍋直徑 18cm

牛豬混合絞肉……120g
鹽……絞肉重量的0.8%
洋蔥（炒過的碎末）……40g
麵包粉……5g
蛋液……10g
牛奶……10g
肉豆蔻……1g
鹽……占肉以外的材料重量的 0.8%

沙拉油……適量
胡椒……適量
洋蔥……60g
太白粉……1g
醬油……5g
黑醋……15g
砂糖……12g
青蔥……10g

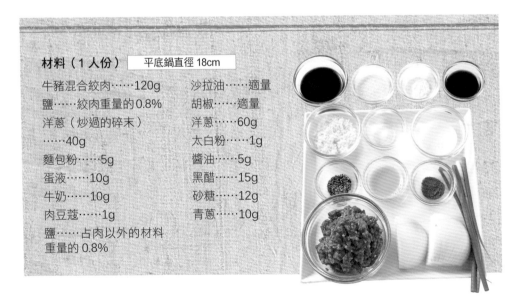

為什麼 皮會煎得不均勻？

內餡多汁，外皮酥脆的煎餃，和中式餐廳一樣引以為傲的美味煎餃在自家廚房也做得出來喔。只要好好利用水蒸氣與蓋子，就算不翻面，照樣可以煎熟。

Q 裡頭的餡料與皮接縫處在煎的時候為什麼會熟得不夠均勻，常常外皮焦、內餡生呢？

A 肉與皮煮熟所需的時間不一樣。肉要花多一點的時間，所以煎的時間要配合肉來調整火候，以免燒焦。

Q 翻面的時候，餃子皮為什麼老是會不小心弄破了呢？

A 餃子在煎的時候是不需要翻面的。整個排滿平底鍋，一邊從底部加熱一邊煎熟才是餃子的正確煎法。

Q 餃子皮會焦掉也是因為翻面煎的緣故嗎？

A 沒錯。餃子皮屬於碳水化合物，所以煎的時候不是變成鍋巴，就是和年糕一樣硬邦邦的，熟的速度也快，算是比較容易糊掉的食材。所以沒有包到餡料，也就是皺褶的部分不要直接碰到鍋面，要蓋上鍋蓋，利用水蒸氣把它燜熟吧！

Q 煎的時候倒水，結果整鍋煎餃變成和水餃一樣，餃子皮都爛了。

A 這是因為水倒太多了。煎的時候因為是開小火，水太多的話，是會無法全部蒸發的。所以利用水蒸氣的力量把餃子皮整個蒸熟之後，最後還要打開鍋蓋，讓裡頭的水分全部蒸發才行。

Q 餃子餡為什麼有時候會變得水水的？

A 這是因為裡頭包了白菜與高麗菜之類的葉菜類，所以餡料才會這麼容易出水。尤其是撒鹽揉和的時候，更要注意鹽的分量。

Q 為什麼煎餃有時候會黏底破皮，整個餡料露出來呢？

A 用小火煎如果還是這樣的話，那就換個鍋子吧。畢竟鍋子長年用大火烹調或者是保養不足，還是會受到損傷的。

光是改善煎法
成品就會出現這麼大的差異……

煎出漂亮的顏色

側邊用燜的

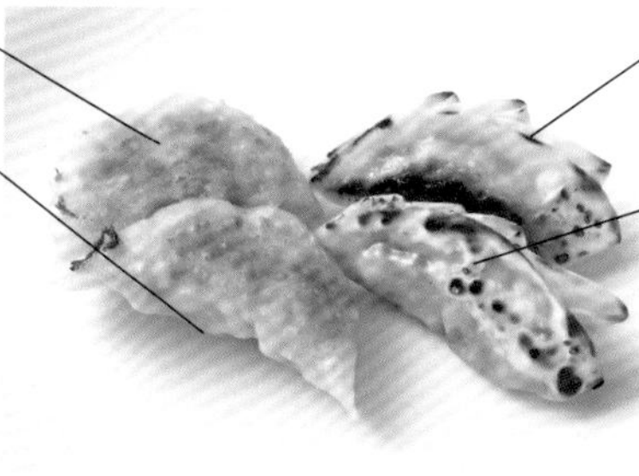

餃子皮變硬，
甚至焦掉

整個糊掉

只要利用小火與水蒸氣，底部就可以煎出漂亮的顏色，而且餃子皮蒸過之後口感會變得更有彈性。

火候太大，或者是翻面煎皮時水分不夠，煎出來的餃子會變得硬邦邦的。

OK 水島派食譜

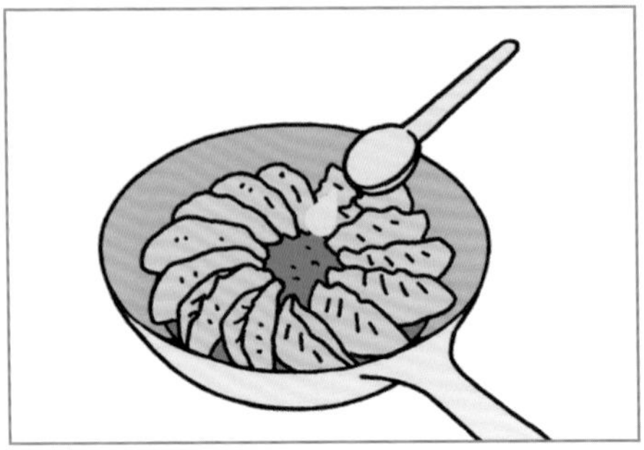

只需 1 大匙左右的水分

倒入用小火就會蒸發的水量，充分利用水蒸氣把餃子煎熟。

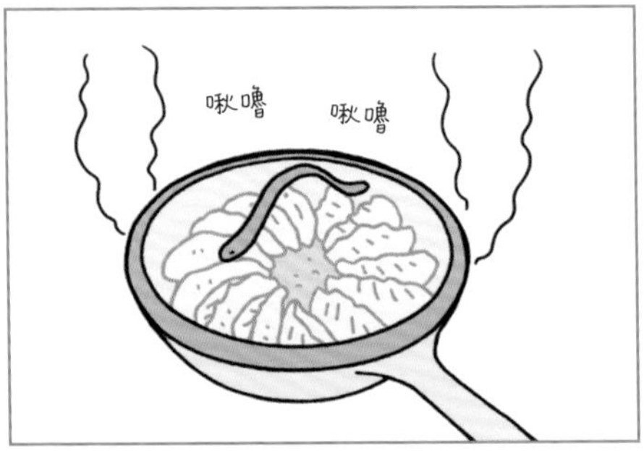
啾嚕
啾嚕

蓋上鍋蓋，封住水蒸氣

想要把餃子皮燜熟，就要充分利用水分與鍋蓋。最後再打開鍋蓋，讓水分蒸發就可以了。

NG 這就是失敗的原因！

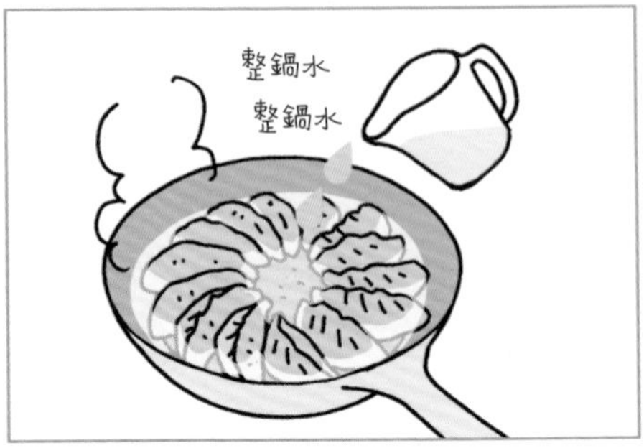
整鍋水
整鍋水

燜的時候水放太多

要利用的只有水蒸氣，所以倒進去的水量只要足以形成水蒸氣就可以了。

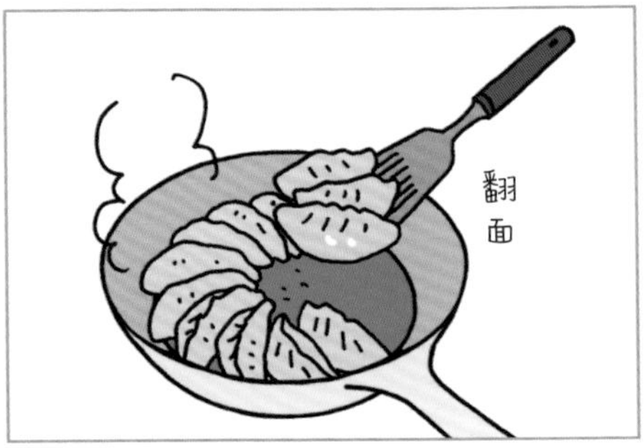
翻面

翻面後只煎到皮

雖然想要煎出酥脆的煎餃，但是直接貼在鍋面上煎只會把餃子皮煎焦。

這樣就不會變成燒焦的鍋巴了！
盛盤的時候只要把盤子蓋在平底鍋上直接翻過來就可以了！是不是煎得很漂亮呢？

黃金色澤看起來香酥無比

煎餃

作法

1 白菜與韭菜切成碎末，薑與大蒜磨成泥。

2 豬肉與分量約其重量 0.8% 的鹽倒入盆缽中，用肉槌搗出黏性。

3 將鹽、胡椒、醬油、香麻油、砂糖倒入 **1** 與 **2** 中，用木勺整個均勻攪拌之後，再用手拌和 6 ～ 7 圈。

4 用餃子皮將 **3** 包起來。

5 沙拉油與水倒入平底鍋，餃子排好之後蓋上鍋蓋，以小火煎 8 分鐘。

6 餃子底部煎上色，水分幾乎蒸發，餃子皮也燜透之後，打開鍋蓋，續煎 1 ～ 2 分鐘即可。

材料（10 個） 平底鍋直徑 18cm

豬絞肉……80g
鹽……豬肉重量的0.8%
白菜……70g
韭菜……10g
薑……4g
大蒜……2g
鹽……1g
胡椒……適量
醬油……3g
砂糖……1.6g
香麻油……5g
餃子皮……10 片
沙拉油……5g
水……10g

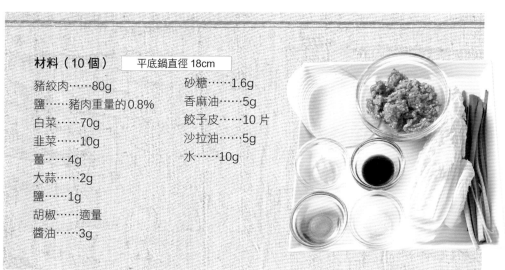

Chapter 2

炒出爽脆口感與鮮甜滋味

家裡常做的炒青菜用小火炒才是正確答案，讓菜餚變得更好吃其實需要邏輯的。「為什麼這道菜要用這個工具、這樣的火候呢？」當中必有其理！

Contents

為什麼

每一種配料 熟的程度都不一樣？

青菜要炒得成功，重點在於用料豐富的配菜味道要均衡，熟的程度都一樣，如果吃起來口感清脆的話那就更棒了！首先讓我們好好牢記讓火候在鍋子周圍蔓延的方式吧。

Q 吃飯時一定會出現的一道菜，就是炒青菜。這道菜出現在我們家餐桌上的頻率可說是第一名，但是卻老讓人感到不安，一直懷疑「這樣就好了嗎？」坦白說，自己根本就不知道怎麼炒才是正確的。

A 其實炒青菜是一道非常重要的菜餚。從食材的切法與加熱方式，一直到調味，要是不知道烹飪的基本原則，就會失敗連連。換句話說，只要掌握炒青菜的技巧，就等同於掌握烹飪的基本。

Q 為什麼炒好的青菜每次都不一樣，不是太水就是太爛呢？

A 第一個重點，就是所有材料的大小都要切成一樣。不過這時候如果用力切，或者是一邊拉菜刀一邊切的話，可是會把蔬菜的細胞給破壞的，使得裡頭的水分非常容易滲出來。蔬菜的切法在66頁有詳細說明，請大家一併參考。另外，連同胡蘿蔔等根菜一起炒的時候一定要事先下鍋汆燙。換句話說，在下鍋翻炒前的這個階段食材硬度是否一致也非常重要，肉也是一樣。也就是說，所謂的炒菜，其實就是將事先處理好的食材用調味料拌炒，這才是正確的觀念。

Q 不知道為什麼，炒菜時就是會想要帥氣地甩動鍋子，而且一直覺得炒菜能夠炒到這種地步的人好像都很厲害，很會煮菜。

A 烹飪工具不同，導熱方式也會跟著改變。像是中菜餐廳的瓦斯爐火候大，加上中式炒鍋底部是圓的，所以上半部會產生輻射熱，在這種情況之下只要往那個方向甩動，食材就會炒熟。可是一般家庭用的平底鍋與瓦斯爐並沒有辦法做到這種地步，因為平底鍋的鍋底是平的，火會均等地把熱導至鍋面，所以這時候絕對不可以一口氣把溫度拉上來，這一點非常重要。

肉、蔬菜與根菜等材料全部都炒熟之後再來調味的話，最後炒好的菜味道會不夠均衡。

OK

水島派食譜

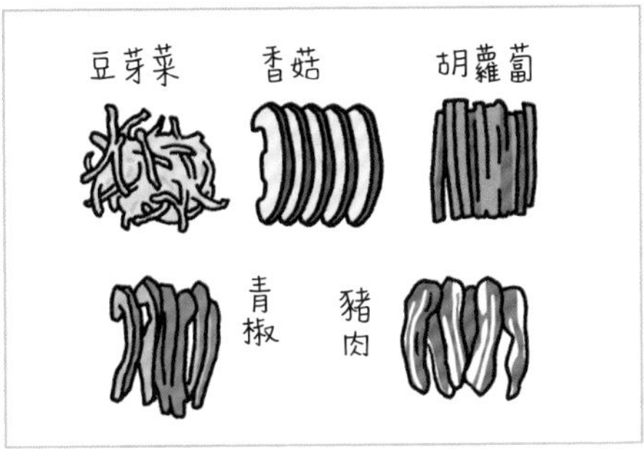
豆芽菜
香菇
胡蘿蔔
青椒
豬肉

先決定基本食材，再來統一大小

以豆芽菜為基本食材，儘量讓其他食材的長度與厚度與其一致。這樣不僅吃得順口，炒好的菜看起來也會更加美觀。

炒好的豬肉

決定需要事先汆燙的蔬菜

炒青菜的時候除了根菜類，其他像需要去除澀味，或者是讓顏色更鮮豔的食材也要事先汆燙。

材料都炒熟了再來調味

所有材料都炒熟之後再倒入調味料，炒個2～3分鐘或者是放置幾分鐘使其入味就可以了。

NG

這就是失敗的原因！

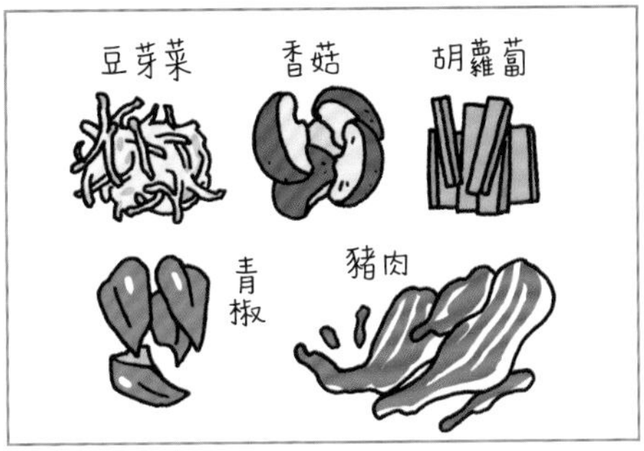
豆芽菜
香菇
胡蘿蔔
青椒
豬肉

每一種食材都切得很整齊漂亮

每一種食材大小都不一致，就算菜炒好了，還是一樣不夠漂亮，而且也不好夾起來。

咕嚕嚕嚕嚕
滋

食材不事先汆燙

食材種類多樣的炒青菜一定要事先汆燙，因為根菜類需要翻炒一段時間才會熟。

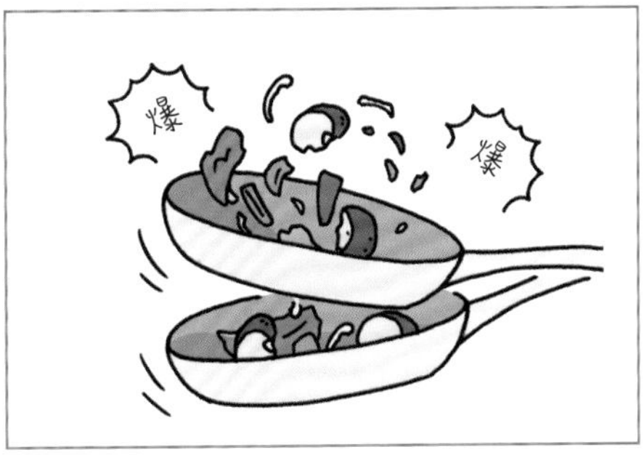
爆
爆

肉類沒有另外處理

與根菜以及葉菜相比，肉類比較容易受到加熱的影響，這個時候一起烹調的話，反而會先變硬。

水島理論

中式炒鍋與平底鍋的導熱方式不同！

為什麼「在家裡炒菜要用小火」呢？這是根據工具、火候與食材所引導的邏輯得來的結論。只要知道理由，炒菜就不會失敗。

中式炒鍋

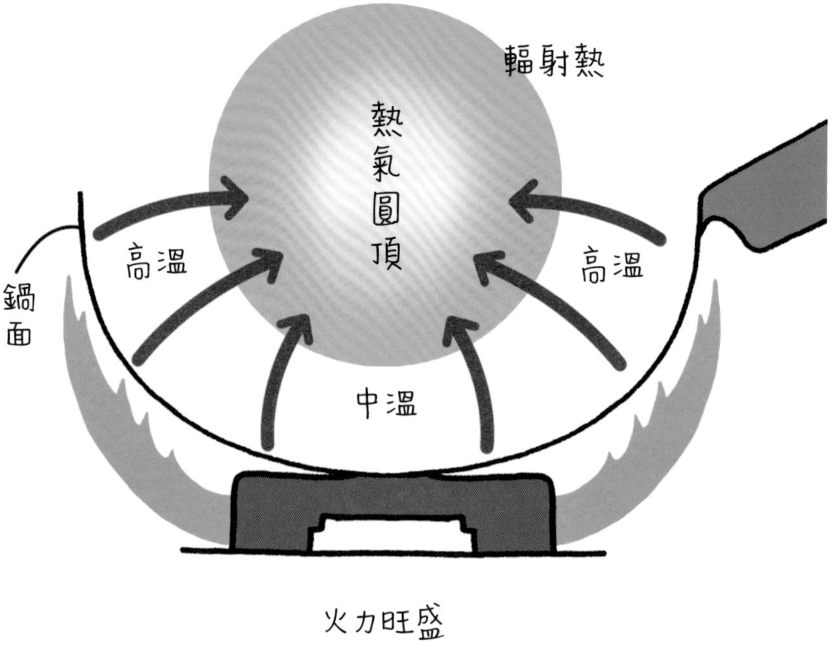

要用大火，火焰才能均勻分布

開大火時會變熱的不是鍋底，而是鍋子側面，如此一來就會形成熱氣圓頂。
想要讓食材環繞在熱氣圓頂之下，就必須藉助甩鍋這項技巧。

「甩動」鍋子是成功炒好菜的絕對條件

平底鍋

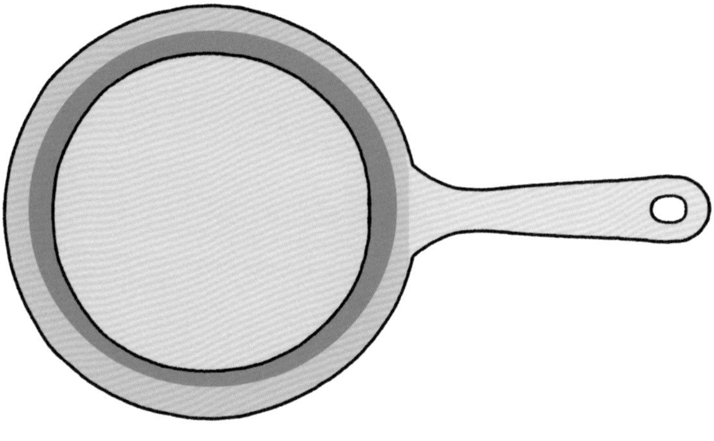

用小火慢慢讓溫度均勻上升

用小火的話火焰不會碰到鍋子，這樣溫度上升才會均勻。
熱鍋子的時候利用的是火焰的輻射熱，所以導熱才會均勻。

用大火只會讓食材表面整個燒焦

另一方面，用大火熱鍋的話火焰會貼在鍋底，受熱點不同，使得溫度分布不均。
這樣會導致食材在火候較大的地方會燒焦，火候較小的地方會不熟。

我以為有節奏地切菜、奮力甩動鍋子才能算是烹飪高手。
想要煮出一手好菜憑靠的不是印象，而是邏輯。就讓我們一一解惑吧！

清脆口感才是美味的關鍵

炒青菜

作法

1 除了豆芽菜，其餘蔬菜切成 5mm 寬的菜絲，豬肉切 7mm 寬的肉絲。

2 胡蘿蔔放入煮沸的熱水裡，以中火汆燙 2 分鐘後瀝乾。

3 沙拉油倒入平底鍋，先放入碎肉片，以稍弱的中火炒上色之後再倒入剩下的豬肉絲，將略生的部分炒熟。

4 另起一平底鍋，倒入所有的蔬菜與木耳，淋上沙拉油，混合之後以小火翻炒。

5 一邊上下翻攪一邊拌炒 8 分鐘，倒入豬肉、酒與鹽，再以小火續炒 2 分鐘左右。

6 快起鍋時轉大火，淋上醬油與香麻油，加熱 20 秒。

7 撒上胡椒，所有材料混拌之後盛盤即可。

材料（2 人份） 平底鍋直徑 18cm

豬肩里肌肉（切片）……60g
胡蘿蔔……60g
豆芽菜……120g
高麗菜……60g
紅甜椒……60g
青椒……20g
泡軟的木耳……30g
酒……8g
鹽……2g
醬油……1g
沙拉油……適量
香麻油……1g
胡椒……適量

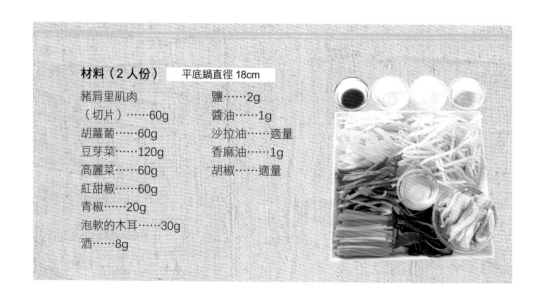

清甜蔬菜，甘醇豐潤

普羅旺斯燜菜

作法

1 洋蔥與甜椒切成 1cm 的見方丁狀，茄子、櫛瓜與番茄切成 1cm 的塊狀。大蒜切半之後剔除芽根。

2 橄欖油倒入鍋，除了番茄，其他蔬菜全部下鍋，與油充分拌和之後以小火翻炒 10 分鐘。

3 炒的時候不時上下翻攪。接著加入番茄，並且拌炒 4 分鐘，直到番茄開始變軟為止。

4 將 3 倒入盆缽中，稱好重量之後，加入分量約其重量 0.8% 的鹽、百里香與羅勒葉，燜 10 分鐘。

5 盛盤前再次加熱，依喜好撒上胡椒，盛盤即可。

材料（2 人份） 平底鍋直徑 18cm

洋蔥……30g
紅甜椒……20g
黃甜椒……20g
茄子……30g
櫛瓜……30g
番茄……150g
大蒜……5g
鹽……蔬菜炒好後的重量的 0.8%
橄欖油……適量
胡椒……適量
百里香……3 株
羅勒葉……1 株

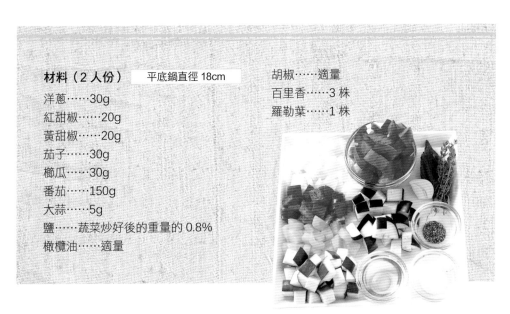

為什麼

炒好之後牛蒡絲會軟趴趴的？

說到辣炒牛蒡絲，有的人「喜歡口感清脆的」，也有人「喜歡入味柔嫩的」。其實不同的烹調方式，可以呈現出不同口感喔！

Q 想要炒出口感清脆的辣炒牛蒡絲，但是不知道為什麼，卻老是炒出軟趴趴的牛蒡絲。

A 想要炒出清脆口感，最好是將牛蒡切成條狀。這麼做的另外一個好處，就是大小比較容易配合胡蘿蔔絲。另一方面，有的人喜歡嫩一點的口感，這時候不妨把牛蒡削成薄片，如此一來，牛蒡特有的纖維會變短，不容易展現清脆口感，但是較容易炒熟。

Q 削成薄片的牛蒡通常都會先泡水以去除澀味，這樣就可以了嗎？

A 牛蒡削好如果會立刻變色的話，只要稍微泡水就可以了；但是沒有變色或變黑的話，就代表這裡頭並沒有什麼澀味，那麼就不需要泡水了。

Q 調味方面如果可以的話，想要做出兩種味道。例如帶便當的時候就炒成冷掉之後依舊可口，而且十分入味的滋味；而做好要立刻上桌的時候，味道反而想要清淡一些。這種情況需要調整的應該不是調味料的量，而是入味的方法吧？

A 想要讓味道更加濃郁，可以將牛蒡削成薄片，事先汆燙的時候直接倒進熱水裡，破壞牛蒡的細胞，這樣會更加入味。另一方面，味道想要清淡一些，那就把牛蒡切成條狀，事先汆燙時要放入冷水裡。如此一來會更有嚼勁，口感也不會太軟，味道更不會因為煮汁而變得太重。

Q 如何讓辣椒乾充分散發出香辣滋味，而且色澤鮮豔呢？

A 想要讓辣椒乾顏色鮮豔、辣味爽口的話，炒的時候必須要用小火，並且儘量不要炒焦。這樣辣椒乾就不會焦黑，而且還能夠炒出適當的辣度。

炒焦的辣椒乾

牛蒡與胡蘿蔔的粗細大小不一

當食材狀態不均等，再加上火候大的話，口感與外觀也會相差甚大。

OK

水島派食譜

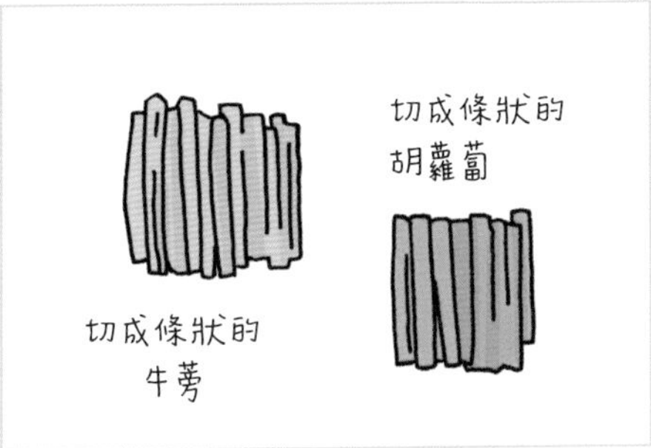

所有材料都切成條狀

只要牛蒡與胡蘿蔔都切成條狀，烹調的時候會更簡單，口感也會比較統一。

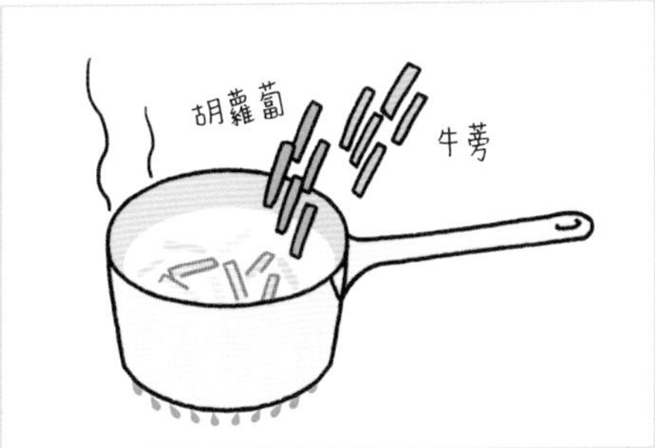

下鍋翻炒之前先燙過

加了調味料之後再來炒的話會浪費許多時間，因此要先將食材燙熟。

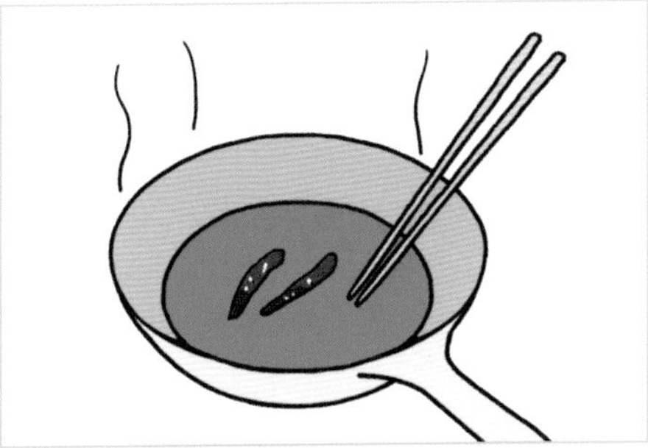

用小火爆出辣椒香

用小火慢慢加熱，這樣就可以把辣椒乾特有的清爽辣味與香味提引出來了。

NG

這就是失敗的原因！

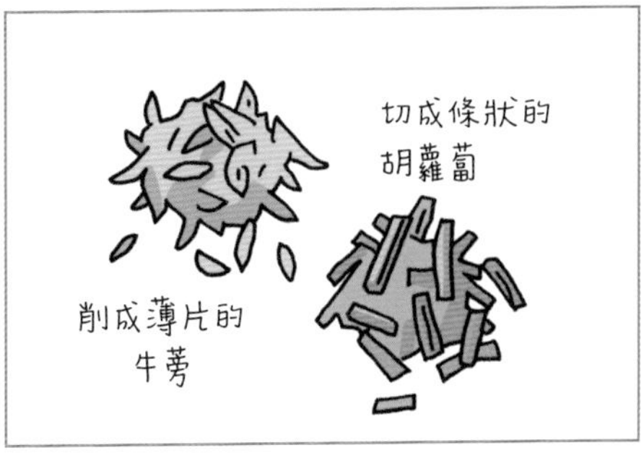

食材切法沒有統一

牛蒡削成薄片，胡蘿蔔切成條狀……切法不一致，炒好的菜熟度也會不均衡。

只用平底鍋來烹調

直接將切好的食材與調味料倒入平底鍋拌炒的話，炒熟會浪費很多時間。

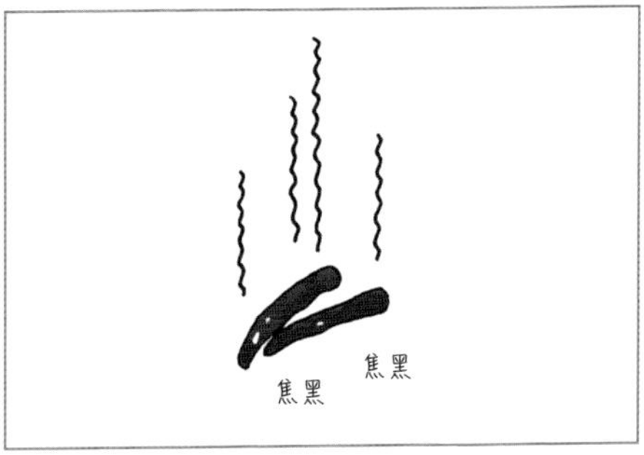

用大火把辣椒乾給炒焦

可以增添一股清淡香味與爽口辣味的辣椒乾非常怕火，所以絕對不可以用大火炒，否則味道會變得又焦又苦。

水島理論

加入辛香料 讓料理更加出色美味！

對於用來增添香味與風味的香草植物以及調味料而言，攸關美味關鍵的是加熱時機。如果能夠有效利用，不僅可以為佳餚增添鮮味，還能夠為美食增添色彩呢！

用小火慢慢 讓香味滲入油中

讓特有的滋味與香味毫無保留地散發出來

只要一加熱，滋味與香味就會更加深邃濃郁的辣椒乾以及大蒜若是燒焦，那麼一切都白費了，所以要慎重地用小火把香味釋放出來，這樣就可以讓各種不同的料理香氣撲鼻、風味迷人了。

不管是什麼樣的食材，都能夠讓滋味與香味更加濃郁的好伴侶。

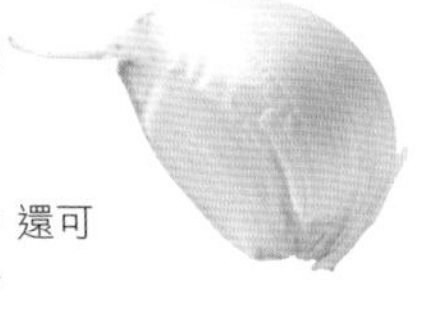

色彩亮麗，形狀獨特，還可以用來點綴美食佳餚。

熄火之後 上桌前撒上一些

凸顯出令人驚豔的刺辣風味

黑胡椒的特色，就是香中帶辣的風味，可惜一加熱味道會變澀。想要在加熱烹調的料理上撒上一些黑胡椒，最佳時機就是最後完成時要上桌的那一刻，如此一來就能夠享受到現磨的胡椒香了。

現磨的黑胡椒最美味，所以建議大家不要用胡椒粉，改用盛裝在胡椒研磨器、現磨現用的黑胡椒粒。

+α

香草植物最重要的就是新鮮

用來消除肉或魚腥味的迷迭香、適合搭配番茄與起司的羅勒葉、可讓沙拉以及湯品滋味更加清爽的義大利荷蘭芹、烹調燒烤或燉煮菜時可大顯身手的百里香……西式料理出現在餐桌上的機會只要一增加，這些香草植物也就會變得越來越熟悉普遍了。

香草植物最重要的一點，就是要新鮮。使用的時候不要挑選瓶裝的乾燥香草植物，先試著用新鮮的香草植物，用不完再把剩下的曬乾，做成自家調配的乾燥香草植物。不然就是連同油放入攪拌器裡攪打成香草油。

由左依序為百里香、羅勒葉（上）、迷迭香（下）、義大利荷蘭芹以及蒔蘿，這些在超市通常都買得到。使用之前記得要稍微用水洗淨。

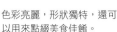

香辣爽口，食慾大開

辣炒牛蒡絲

作法

1 牛蒡與胡蘿蔔切成 2mm 見方 X7cm 長的細絲。辣椒乾去籽之後切成 3mm 寬的圈狀。

2 平底鍋倒入剛好可以蓋住材料的水，煮沸之後放入牛蒡與胡蘿蔔，以大火汆燙 1 分鐘後瀝乾。

3 沙拉油、香麻油、辣椒乾、牛蒡與胡蘿蔔倒入鍋，以稍弱的中火翻炒 2 分鐘。

4 加入砂糖，拌炒 1 分鐘之後淋上醬油，續炒 2 ～ 3 分鐘。

5 起鍋時淋上香麻油，略為翻炒之後盛盤即可。

材料（1 人份）

平底鍋直徑 18cm

牛蒡……60g
胡蘿蔔……20g
沙拉油……5g
香麻油……5g
辣椒乾……1/2 根
芝麻……3g
醬油……5g
砂糖……5g

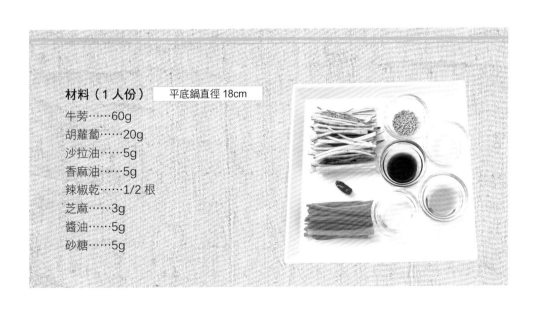

為什麼

茄子會失去光澤整個變成褐色呢？

不論炒或滷都令人垂涎三尺的茄子其中一個特徵，就是鮮豔亮麗的顏色。既然如此，沒有煮出一道水潤亮麗、賞心悅目的茄子豈不可惜？就讓我們掌握訣竅，烹調出一道迎合大人口味、香辣可口的炒茄子吧！

Q 下飯的配菜雖然常做炒茄子，但是為什麼果皮的顏色常常掉落，而且果肉還會變成褐色，口感又軟又爛，非常不上相呢？

A 茄子想要煎得漂亮，一定要從帶皮的那一面開始下鍋。茄子之所以變成褐色，是因為煎的時候果皮接觸到空氣氧化而造成的。所以從帶皮的那一面開始煎的話，就能避免果肉氧化了。

Q 從果皮那一面開始煎的話不是燒焦縮水，就是漂亮的紫色果皮開始掉色，要怎麼避免呢？

A 這是因為火候太大導致的失敗。一口氣加熱的話細胞會遭到破壞，使得水分過度流失，如此一來果皮會變得皺巴巴的，並且燒焦縮水。把這種情況假想成燙傷起水泡之後裡頭的水流出來的情況，應該就會更容易懂了。

Q 煎的時候要如何預防果肉變得軟爛呢？另外，不知道是不是吃油的關係，為什麼果肉會變得黏黏的呢？

A 從果肉那一面開始煎的話，需要一段時間果皮才會熟，使得整個茄子煎得太老，果肉變得軟爛。其實從果皮那一面開始煎時，果肉就已經熟八成了，翻面之後只要繼續煎30秒就已經足夠了。另外，從果皮那一面開始煎的話，還可以避免果皮吸收過多的油呢。

Q 茄子在烹調之前會先泡水去除澀味，不過下鍋時飛濺起來的油卻讓人膽戰心驚，所以茄子剛開始都會先用乾煎的方式下鍋，之後再慢慢把油倒進去，可是這樣炒好的茄子卻會變得非常油膩，該怎麼辦？

A 茄子不需要去除澀味，只有切口變色的時候才需要泡水。這樣裹上油煎煮的時候，就不會被油噴到，而且煎的時候只要少量的油就可以了。

用大火從果肉那一側開始煎的典型失敗範例。只要氧化持續進行，就會變成這種狀態。

OK

水島派食譜

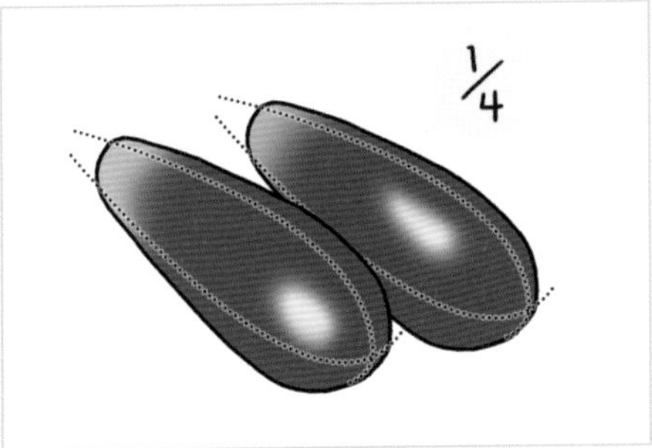

用雙眼品嘗美麗的果皮

一道菜美觀與否非常重要。茄子的果皮其實非常漂亮而且充滿光澤，所以不要在上頭劃入刀痕，直接切成四等分就好。

下鍋煎前先裹上少量的油

茄子先沾上一層油，就不會吸收過多的油或者是流失過多的水分，這樣就能煎出漂亮的茄子。

從果皮那一面開始煎

用小火從不容易煎熟的果皮面開始煎，這樣就不會破壞果肉細胞了。

NG

這就是失敗的原因！

從果肉那一面開始煎

果皮還沒熟，果肉的細胞就已經遭到破壞，水分流失，而且還會吸收多餘的油。

煎到一半的時候補油

這時候果肉的細胞已經開始崩解，非常容易吸油，使得口感變得非常軟爛。

用大火短時間烹調

火候太大的話不是皮焦肉生，就是煎過頭，整個顏色變成褐色。

水島理論

讓油成為你的好夥伴！

除了炒與炸，油還可用來增添風味與調味。接下來要談談基本的沙拉油知識。記得要按照目的，區分使用喔！

油炸

倒入冷油的原因是……

讓烹調過後的食材更加柔軟

肉或魚等蛋白質含量豐富的食材想要烹調出柔嫩口感，最好是慢慢加熱烹調，以免水分流失。

倒入熱油的原因是……

煎出金黃色澤

這是可樂餅與炸雞塊等已經熟的油炸物最後一個烹調步驟。將油鍋的溫度熱至180℃，食材倒回鍋中，這樣就能夠烹調出令人垂涎三尺的顏色了。

熱炒

讓食材裹上油的目的……

利用油來保護細胞

切成細絲或者是柔軟的食材加熱之後細胞會非常容易遭到破壞，這時候事先裹上一層油的話，炒好的菜會更漂亮。

用冷油烹調的目的是……

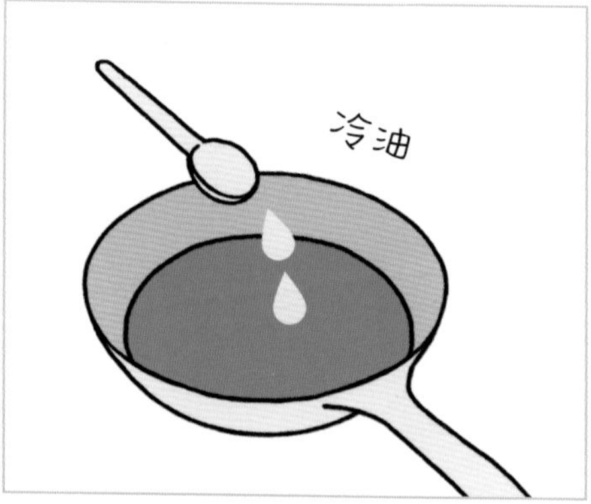

有效去除腥臭味

從冷油開始烹調不僅可以整個去除魚或肉的脂肪臭，而且溫度也不會因此過高。

香辣酸甜，屬於大人的好滋味

香炒茄子

作法

1 茄子切除果蒂之後，縱切成四等分。

2 平底鍋裡倒入略多的沙拉油，放入茄子，整個沾滿油之後果皮面朝下排放，以小火煎煮。

3 茄子的果實面變軟之後翻面，續煎1分鐘並起鍋。

4 倒掉鍋裡的沙拉油，放入鹽、醬油、醋、砂糖與香麻油，開小火，煮至咕嘟咕嘟沸騰之後倒回茄子，一邊與醬汁拌炒，一邊煮熟。

5 最後起鍋盛入盤中即可。

材料（2人份） 平底鍋直徑22cm

茄子……2條（約160g）
鹽……0.6g
醬油……5g
醋……8g
砂糖……5g
香麻油……2g
沙拉油……適量

乾燒蝦仁

為什麼？

蝦子的清甜滋味會不見？

事前處理非常費事的鮮蝦料理要物盡其用，並且試著搭配新鮮食材來烹調，這樣就能夠品嘗到蝦子那股特有的鮮甜滋味與清脆口感了。首先讓我們從乾燒蝦仁這道菜開始吧！

Q 想要充分發揮鮮蝦獨特的風味，卻發現無法善盡利用。這應該是因為孩子愛吃，常常番茄醬一加就不小心越加越多的關係吧……

A 加工食品與加工調味料用起來雖然順手，但是卻會讓味道一成不變。再加上番茄醬的味道其實非常甜，不管怎麼樣，端上桌的乾燒蝦仁就是會變成小孩子的口味。所以除了蝦子事前要處理好之外，烹調的時候不妨試著用新鮮番茄，這樣就能夠品嘗到自然的酸甜滋味了。

Q 不太喜歡海鮮那股獨特的腥味，這該怎麼處理呢？

A 用濃度0.8%的生理食鹽水就能夠去除鮮蝦的那股腥味。先將蝦子浸泡在冷水裡，加熱至35℃之後蓋上鍋蓋，放置3分鐘，接著以稍弱的中火再次加熱至65℃。想要去除魚腥味，最理想的溫度就是魚貝類生長環境的水溫＋10℃。大多數的魚貝類這麼做就可以將腥味整個消除。但是像秋刀魚、鮪魚以及鮭魚等洄游魚類的話，溫度就要高一點了。

Q 要怎麼做才能夠讓蝦子保持飽滿的口感呢？

A 蝦子一口氣加熱的話裡頭的水分會流失，如此一來肉質可能會變硬，因此去除腥味的時候必須按照上述的方式掌控溫度。去除腥味，讓蝦子的滋味更加鮮甜的事前處理方式在60頁有詳細的說明，供大家參考。

Q 蝦子有草蝦還有斑節蝦等，種類繁多，琳瑯滿目，有什麼特徵呢？

A 草蝦比較容易變硬，適合用炸的。牡丹蝦味道甘甜，蝦殼風味濃郁，做成生魚片或者是盔甲燒美味依舊不變。如果要做乾燒蝦仁的話，建議使用風味佳、肉質較嫩的白蝦。

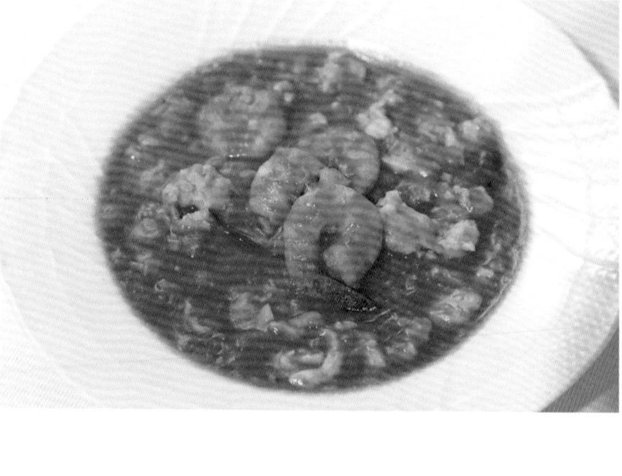

最具代表性的家常菜，乾燒蝦仁。這道菜是在以番茄醬為底的醬汁裡打入蛋花，算是適合小孩子的口味。既然要善用蝦子那股鮮甜的滋味，那麼烹調時不如使用新鮮番茄，這樣就可以把那股甘甜滋味整個襯托出來。

OK

水島派食譜

善用蝦殼，盡嘗食材風味

配合烹調方法來挑選合適的鮮蝦，不過蝦殼與蝦尾不要丟棄，下鍋乾炒過後就可以拿來熬高湯了。

去除腥味關鍵在於溫度與鹽分

依照 58 頁的要領去除腥味。要注意的是溫度過高的話，蝦肉反而會變硬。

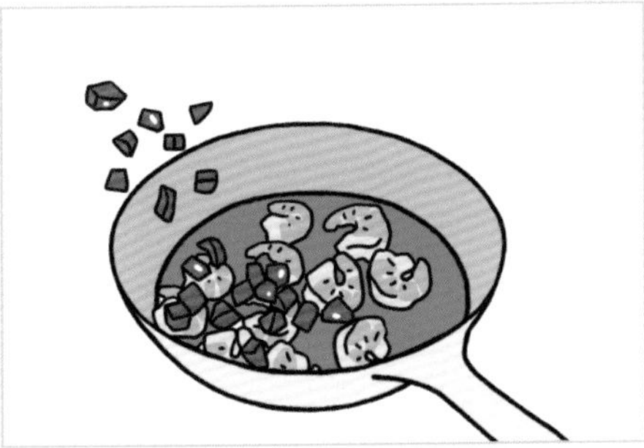

搭配新鮮食材

除了番茄，蝦子當然也非常適合搭配用來爆香的薑與大蒜。

NG

這就是失敗的原因！

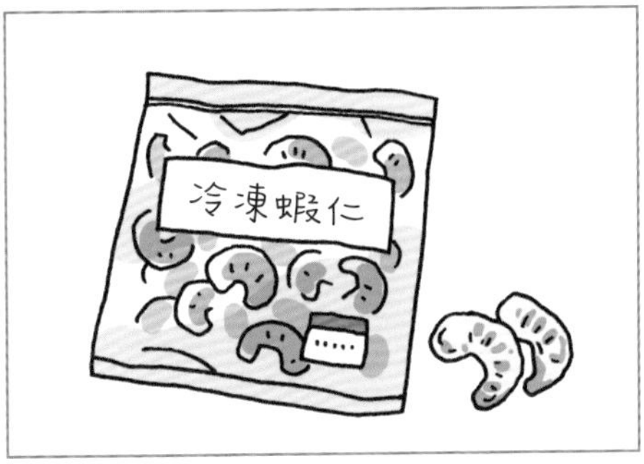

使用冷凍食品

全部都已經處理好、而且大小通通一樣的冷凍食品其實已經完全失去鮮甜的滋味了。

使用加工調味料

裡頭添加人工甘味劑的加工調味料會破壞食材難得的好風味與鮮味。

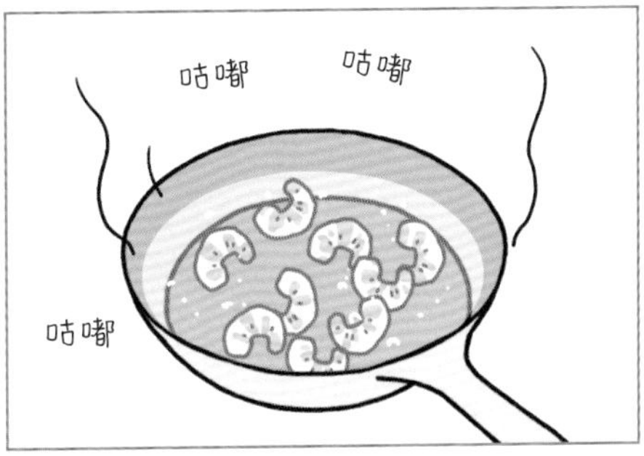

咕嘟咕嘟地燉煮蝦仁

蝦仁不耐高溫，用大火煎炒或燉煮只會讓蝦肉馬上變硬。

水島理論

保留蝦殼、蝦尾 熬煮海鮮高湯

蝦子的鮮味除了蝦肉，蝦殼與蝦尾也非常濃郁。只要物盡其用，能夠派上用場的全部都用，就可以讓菜餚的風味更加香濃馥郁。

蝦殼的處理方式

蝦殼放入鍋，以稍弱的中火乾炒之後倒入清湯或醬汁燉煮，就可以熬成海鮮高湯。

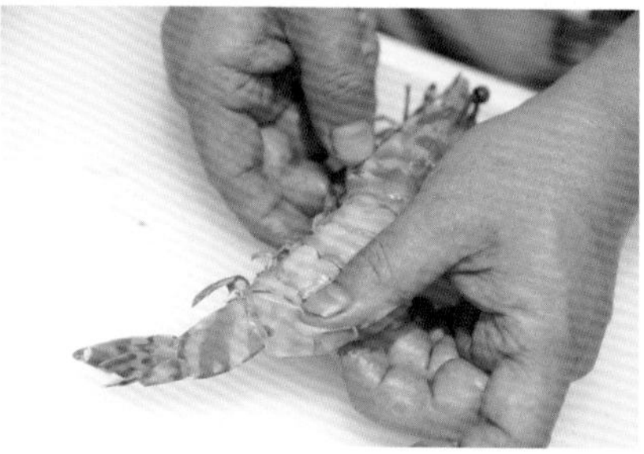

去除蝦腳，手指從蝦腹剝除蝦殼。沒有處理乾淨的話蝦子的味道會變得非常腥臭，所以一定要記得沖水洗淨。

腸泥與蝦尾的處理方式

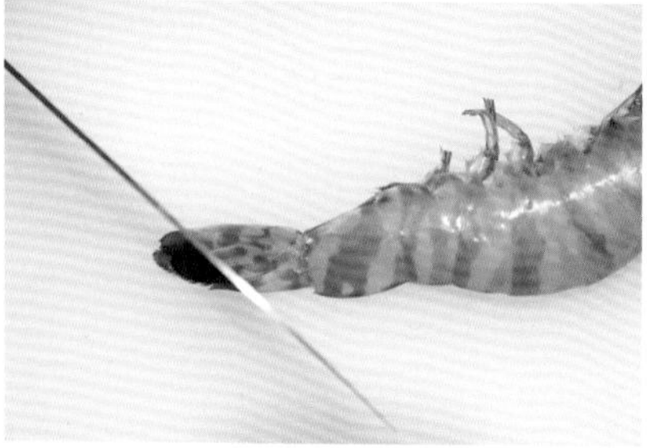

蝦尾可食用，但是呈袋狀的這個部分會積水，使得油在烹調時四處飛濺，因此要斜切去水。

拱起蝦背，刺入竹籤，拉出泥腸。取不出來的時候可在背上劃入刀痕再剔除。

蝦肉整個拉直

想要做出和西餐一樣筆直的炸蝦！接下來要為大家介紹在家裡就能夠簡單處理的技巧。

在蝦肉腹部適度劃上淺淺的刀痕。

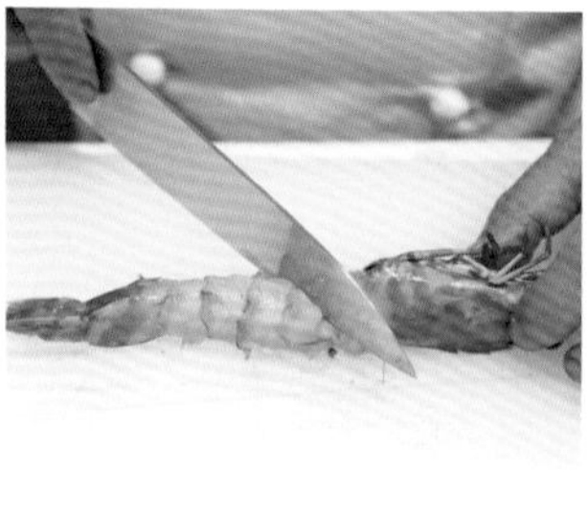

打開刀痕處，填入用來黏合的麵粉。

新鮮清脆，滋味甘甜！

乾燒蝦仁

作法

1 依照 60 頁的要領處理鮮蝦。番茄與大蔥切成碎末備用。

2 蝦仁浸泡在濃度 0.8% 的鹽水裡，以小火加熱至 35℃時熄火，蓋上鍋蓋。

3 3 分鐘過後打開鍋蓋，以稍弱的中火加熱至 65℃再瀝乾水分。

4 沙拉油倒入鍋，以稍弱的中火翻炒蝦殼；熄火後放入切成碎末的薑、大蒜以及豆瓣醬，混合之後放置 30 秒。淋上酒，以稍弱的中火加熱。

5 倒入番茄，撈除蝦殼之後放入大蔥與水 80g，以中火熬煮。

6 加入鹽、砂糖與醋，煮 1 ～ 2 分鐘之後放入蝦仁，蓋上內蓋，以中火續煮 3 ～ 5 分鐘。

7 倒入太白粉水勾芡，起鍋時淋上香麻油即可。

材料（2 人份） 平底鍋直徑 18cm

鮮蝦……7 ～ 8 尾（100g）
薑……5g
大蒜……5g
番茄……80g
大蔥……30g
沙拉油……15g
豆瓣醬……5g
酒（紹興酒亦可）……15g
水……80g
醋……4g
鹽……1.2g
（依豆瓣醬的量增減）
砂糖……3g
太白粉……3g
水……6g
香麻油……5g

Chapter 3

煮出軟嫩不乾柴的燉滷料理

因為耗時耗工往往讓人敬而遠之的「燉滷料理」其實只要掌握基本原則，就不用害怕失敗了！從今天開始就把它納入家常菜的行列之中吧。

Contents

筑前煮

為什麼 雞肉會變硬？

「筑前煮」是日本的家常料理，主要以雞肉、多種蔬菜，加入醬油、砂糖小火慢燉。一道好菜靠的是適當的加熱時間、周密計量的調味料，以及妥當的食材切法。想要煮出美味的筑前煮，這些技巧一樣都不能少。

Q 筑前煮老是煮不好。切成適口大小的根菜與雞肉雖然花了不少時間滷，但是滷汁卻常常變得非常油膩，而且食材一直加熱到變軟時，雞肉又會變得又老又硬，而且還縮水呢！

A 雞肉變老應該是用滷汁把肉煮熟造成的。像筑前煮這種品項多的滷煮菜在烹調的時候，每一種食材都要事先處理過，也就是要先削皮、切塊、汆燙。這麼做的目的，就是希望調味之前所有的食材能夠在同一個時間內煮熟。

Q 筑前煮需要事先汆燙的食材有哪些？

A 如果是筑前煮的話，幾乎每一樣食材都要事先汆燙才行。如果要讓根菜更容易入味，那就要在汆燙這個階段破壞細胞。每一種材料汆燙所需的時間均刊載在69頁的食譜裡，但是基本上只要煮軟就可以了。蒟蒻要去除澀味，所以過個熱水就可以了。豌豆莢燙好之後要泡水2分鐘，讓顏色變得更加鮮豔青翠。不過浸泡的水不要太冷，以常溫為佳。雞肉的話就按照17頁的要領，事先煎過備用即可。

Q 雞肉如果事先煎過的話，滷汁是不是就不會那麼油膩了呢？

A 當然。而且就算滷汁的量不多也沒關係，因為事先燙熟的根菜細胞早就已經被破壞了，不僅變得更容易入味，煎熟的雞肉也會變得更加柔嫩。只要處理到這種地步，剩下的工作就只有用少量的滷汁略為燉煮即可。用上大量滷汁燉的越久就越好吃這個觀念其實是錯誤的。上桌前再擺上豌豆莢裝飾就好了。

雞肉變老又縮水
豌豆莢皺皺的
根菜太硬
滷汁上頭浮了一層油

將特徵相異的食材通通丟到滷汁裡，整個滷至入味其實有點困難。所以切塊以及汆燙煮熟等事前工作一定要妥善準備喔。

OK

水島派食譜

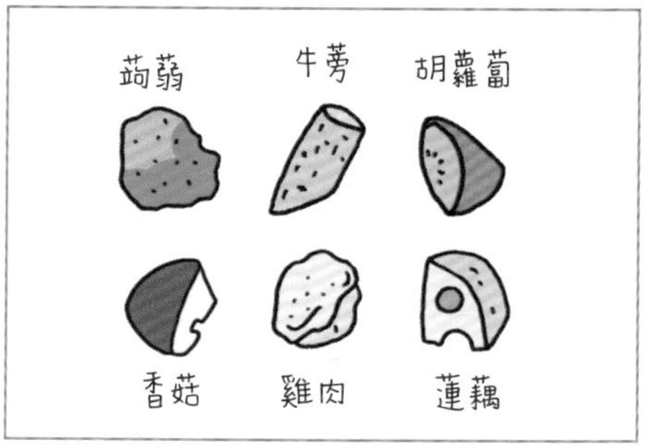

利用正確的滾刀切法將食材的大小切齊

形狀雖然不一樣，但是大小相同。這才是正確的滾刀切。切面多一點，這樣會更容易入味。

食材分別採用妥當的方式事前處理

先從口感較硬的食材開始依序燙熟。更別忘記雞肉要先煎過，蒟蒻的澀味也要去除。

用少量滷汁滷煮

因為都是已經煮熟、細胞被破壞的食材，所以只要用少量滷汁略為滷煮就可以了。

NG

這就是失敗的原因！

滾刀切變成「滾刀亂切」!?

大小不一，而且切面少的「滾刀亂切」。利用這種切法切好的食材非但不容易食用，味道更是難以滲入食材中。

肉與蔬菜一起加熱

這兩種食材同時加熱的話，根菜還沒煮軟，雞肉就已經變硬了。

倒入大量滷汁滷煮

用大量的滷汁滷煮，而且放置的時間過久的話，滷汁裡的蔬菜味會整個流失。

水島理論

練習正確的切菜基本功

無論是站法、架勢，還是菜刀的握法，每一個動作都必須遵循「正確的形式」才行。

切菜的姿勢

❷ 為了達到❶的條件，站立時必須與砧板呈 45°
❸ 肩膀放鬆
❹ 腋下稍微夾緊
❶ 從正面看的時候，菜刀與右腕呈一直線

姿勢標準的人做菜也會很厲害哦。

只要改變切法料理也會跟著改變！

應該有不少人會認為料理的真髓莫過於調味，而切菜只不過是烹調成菜餚之前的準備工作。然而「切菜」這個步驟，會大大影響整道菜呈現的風貌。

希望大家好好學習的，是不破壞細胞的切法，好讓切好的食材不會煮的稀爛，水分也比較不容易流失，而且洋蔥也不會過辣。

而最重要的重點，就是姿勢、架勢、刀子拿法，以及動刀的方式。

使用菜刀的方法

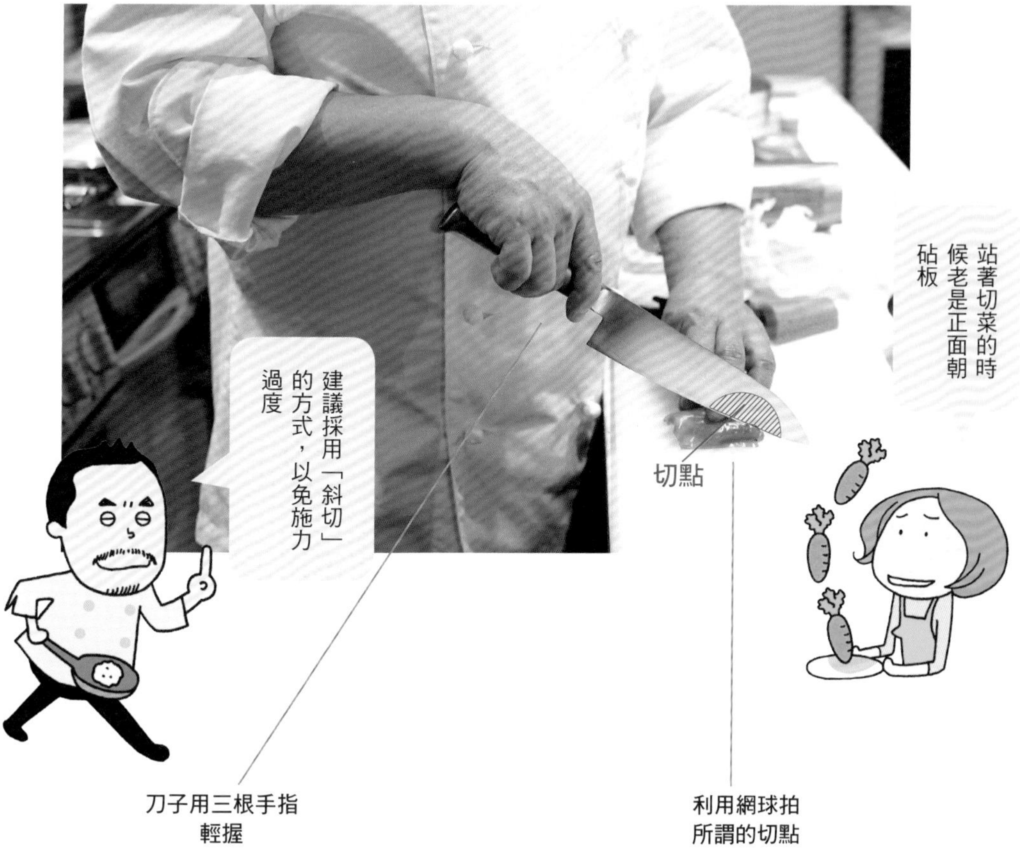

建議採用「斜切」的方式，以免施力過度
站著切菜的時候老是正面朝砧板
切點
刀子用三根手指輕握
利用網球拍所謂的切點

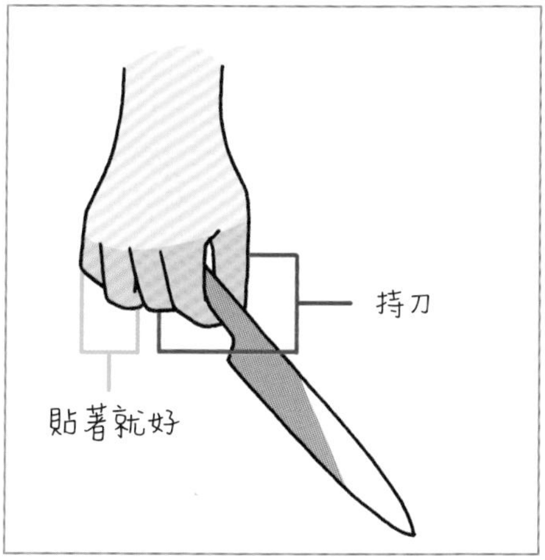

持刀
貼著就好

三根手指握住菜刀，切的時候與食材呈直角，這樣就可以靠刀子的重量來切菜了。

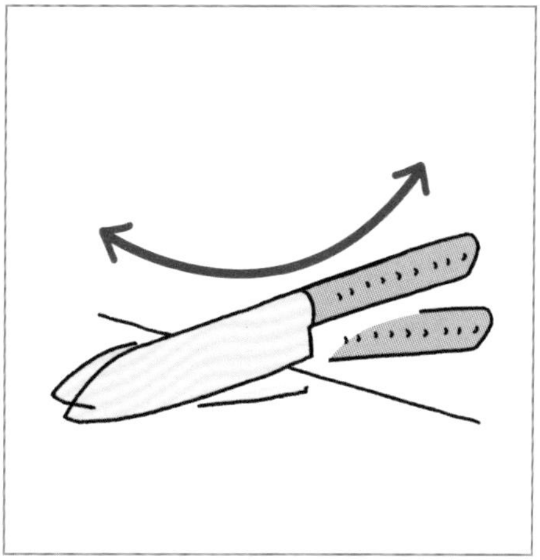

直直拿著刀子時，以接觸砧板的切點為中心，不需施力，左右擺動即可。

水島理論

切菜的目的是為了方便進食！

分切食材的目的除了釋放風味與香味，另外一個就是方便進食。所以食材大小一致，是每一道菜的共同點。

切成骰子大小

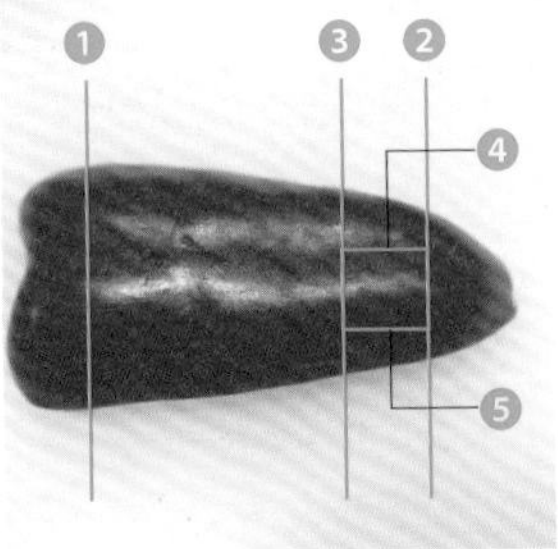

留下正中央呈長方形的部分，先切下頭尾這兩個部分。

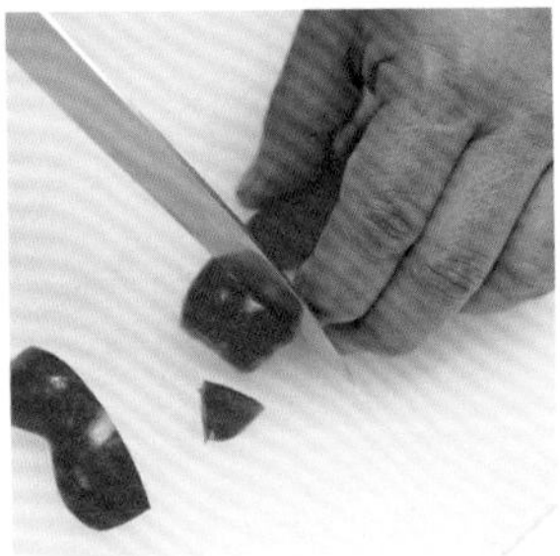

配合在❷切下的尾端大小，將在❶❸切下的部分縱橫等分切塊。

正中央剩下的長方形部分也縱橫等分切成相同大小。

切成碎末

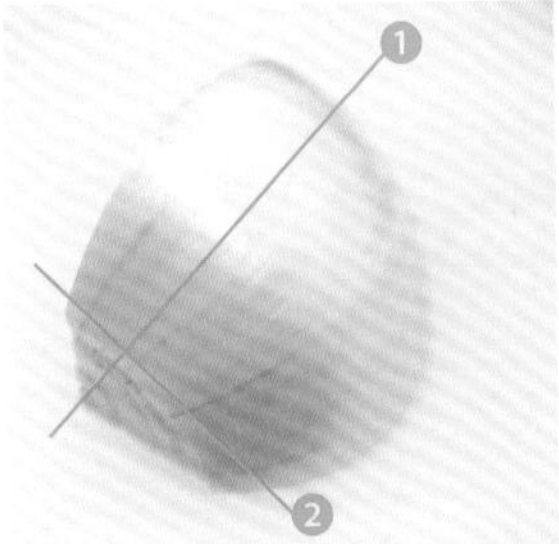

形狀圓滾滾的洋蔥要先沿著纖維開始切，因為纖維遭到破壞時味道會變得辛辣，要留意。

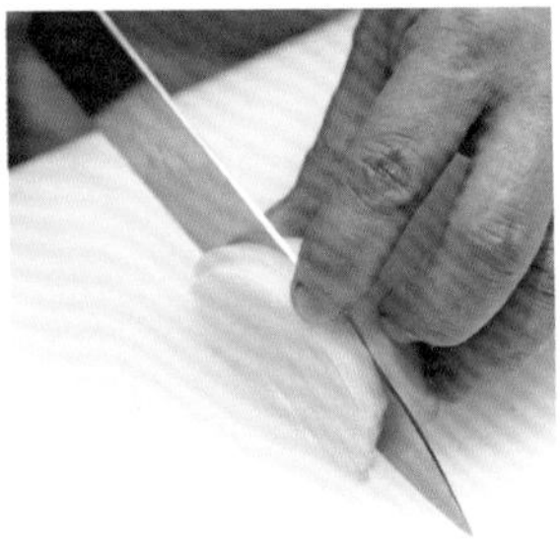

纖維的寬度大約是 2 ～ 3mm。與切面平行縱切。

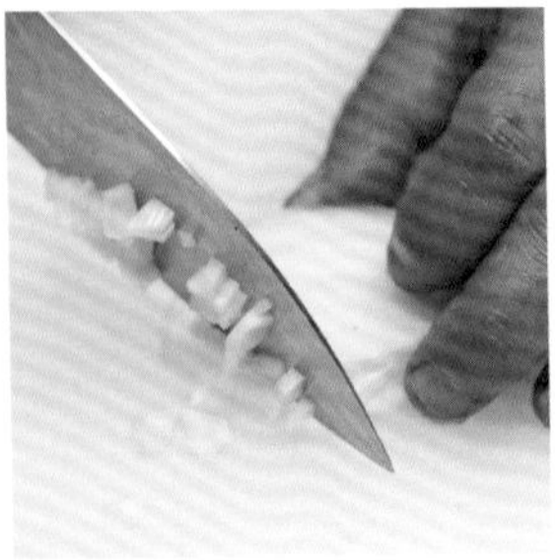

洋蔥切片後橫向平擺，與纖維呈垂直狀態切成碎末。

滾刀切塊

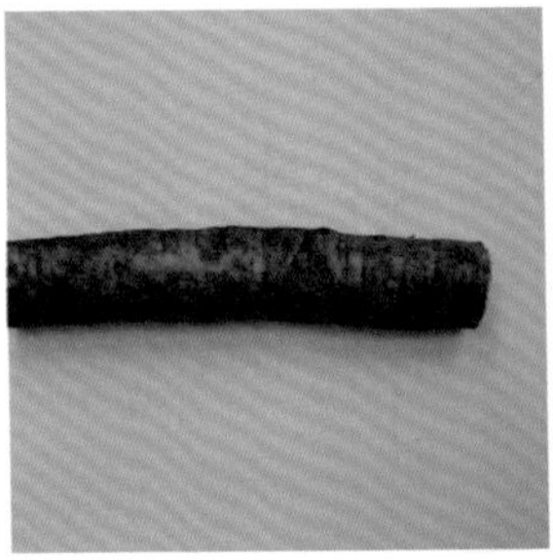

根菜的切法。適合滷煮菜。切面面積要大一些，好讓味道更容易滲入。

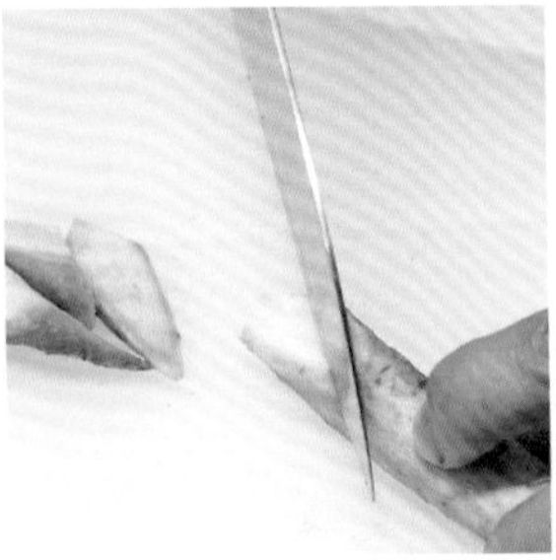

切面朝上，呈對角線下刀，這樣就可以切出面積較大的切面了。

所謂的刀工，就和運動一樣，懂得越多，就越熟練喔！

切成大塊的蔬菜豐富多樣

筑前煮

作法

1 牛蒡與胡蘿蔔滾刀切成 3cm 的塊狀，蓮藕切成 7mm 的薄片，香菇切成 4 塊，蒟蒻劃上寬 3mm 的切痕之後切成 1.5cm 大小，雞肉切成 3cm 的塊狀。豌豆莢去蒂，剝除老絲。

2 牛蒡、胡蘿蔔與蓮藕放入已經煮沸的熱水裡汆燙 2 分鐘。

3 蒟蒻煮 1 分鐘。

4 濃度為 1.7% 的鹽水煮沸之後放入豌豆莢，汆燙 2 分鐘後浸泡水中。

5 牛蒡、胡蘿蔔、蓮藕與香菇倒入鍋，淋上沙拉油，整個沾裹在食材上之後以小火拌炒 10 分鐘。

6 加入酒與砂糖，火候轉成稍弱的中火。

7 雞肉撒上分量約其重量 0.8% 的鹽，並依照 17 頁的要領煎熟。

8 將 **3**、**7**、水與醬油倒入 **6**，蓋上內蓋，先以稍弱的中火滷煮，最後再燜 10 分鐘即可。

材料（1 人份） 平底鍋直徑 18cm

雞腿肉……120g
鹽……雞肉重量的 0.8%
胡蘿蔔……50g
牛蒡……50g
蓮藕……40g
香菇……40g
蒟蒻……60g
豌豆莢……4 根
酒……50g
水……50g
砂糖……6g
濃口醬油……10g
沙拉油……適量

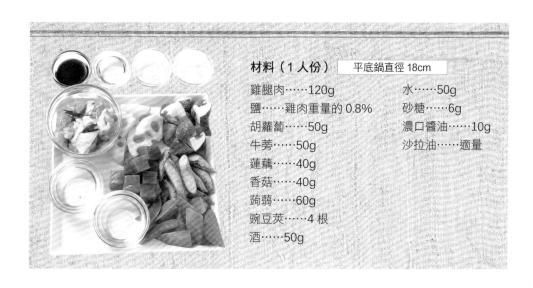

乾燒鰈魚

為什麼

魚的腥味會變得那麼重？

處理的時候方法要是不對，味道就會立刻變得非常腥臭的魚類料理。害怕處理魚的人應該不少吧？其實只要記住正確的處理方式，這個問題就會迎刃而解，所以大家一定要好好挑戰一下肥美柔嫩的滷魚，以及滋味鮮甜的魚肉丸子湯。

Q 要如何煮出一道漂亮又美味的乾燒活魚與魚肉丸子湯呢？怎麼每次煮，魚肉都會散掉，一下子就破破爛爛的呢？

A 那是因為魚煮得太熟了。魚肉的細胞膜會因為膠原蛋白果膠狀而變得柔軟，正是造成魚肉稀爛的原因。

Q 相反地，有時候魚反而會煮得太老。這又是為什麼？

A 魚肉之所以變硬，是因為急速加熱使得裡頭的蛋白質整個縮起來造成的，最後變成味道找不到縫隙滲入。基本上魚肉變得老硬與稀爛的道理都是一樣的。肉質變硬的魚一直燉煮的話，只有蛋白質中的膠原蛋白會果膠化，進而變軟而且稀爛。魚肉裡頭的蛋白質可以分為肌肉蛋白質以及含有膠原蛋白的細胞膜蛋白質，而肉質的老硬與稀爛口感，都會分別受到這兩種蛋白質影響。

Q 為了避免魚那股獨特的腥臭味散發出來，有時會特地撒上鹽或淋上熱水，但為什麼還是會有一股腥味殘留呢？

A 撒鹽只會讓魚肉脫水，造成肉質變硬；熱水雖然可以殺菌，但是卻無法除臭，因為魚腥味是從內部散發出來的。想要讓這股腥味整個釋放出來，那就要把魚肉浸泡在鹽水裡，以小火慢慢加溫。例如鮪魚、鰈魚及青花魚只要放在溫度升至30～40℃左右的鹽水裡幾分鐘，就可以去除魚腥味了。

Q 要如何做出漂亮的魚肉丸子呢？

A 先將鹽撒在魚肉上，再用刀子把魚肉剁碎，因為用食物處理機攪打的魚肉泥是無法好好黏合在一起的。關於這個部分73頁有詳細說明，請大家務必一試。如果在意那股魚腥味的話，那就先用平底鍋將魚肉丸子煎過之後再放入湯汁中，這樣味道會比較香。

魚肉變硬的話味道就會無法滲入

撒上鹽之後用大火加熱的話，這樣味道會無法滲入變硬的魚肉裡，只會讓煮汁熬乾。

魚肉丸子破碎不堪，油整個浮上來

肉泥沒有整個黏合的魚肉丸子放入煮汁裡加熱的話會使得魚肉破碎不堪，油水整個浮上來。

OK

水島派食譜

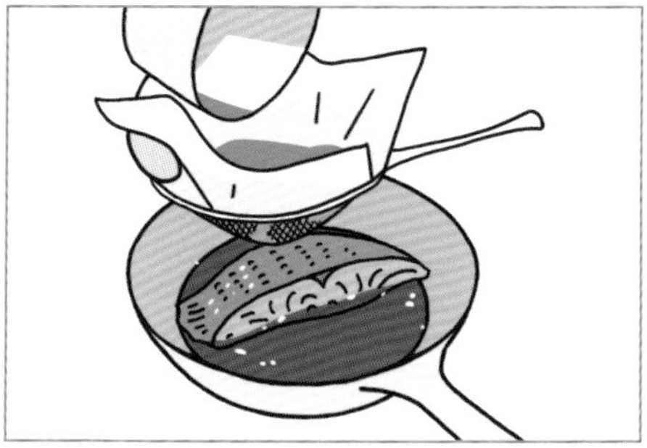

用小火慢慢煮熟

一邊用小火調整以免溫度上升的太快，一邊慢慢把魚煮熟。

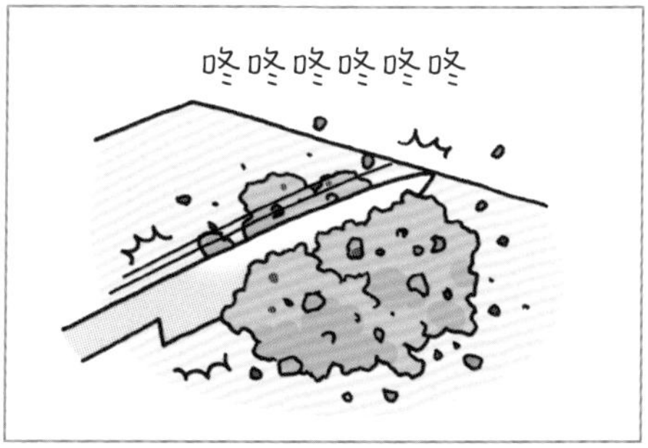
咚咚咚咚咚咚

用刀子剁成泥

魚肉撒鹽之後用刀子剁成泥的話會更有黏性，更容易黏合。

NG

這就是失敗的原因！

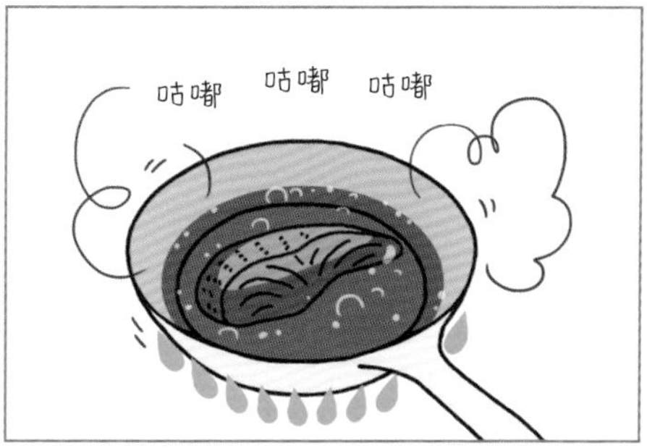
咕嘟
咕嘟
咕嘟

滷汁用大火咕嘟咕嘟熬煮

滷汁溫度過高，使得蛋白質急速縮小變硬，讓水分無處可逃。

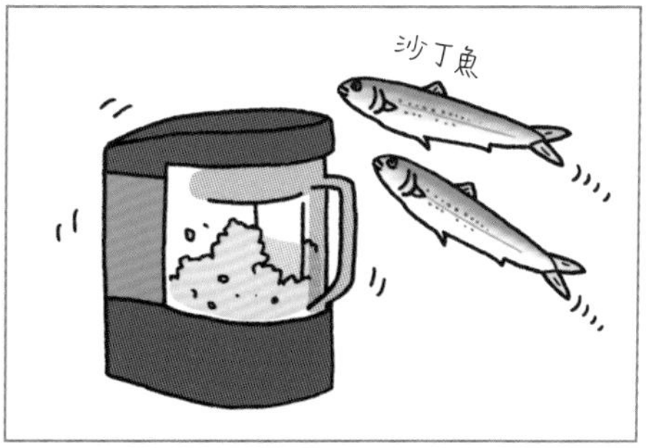
沙丁魚

用食物處理機攪拌

製作魚肉丸子的時候只用食物處理機的話，攪打的肉泥會無法好好黏合在一起。

充分利用超市的剖魚服務！

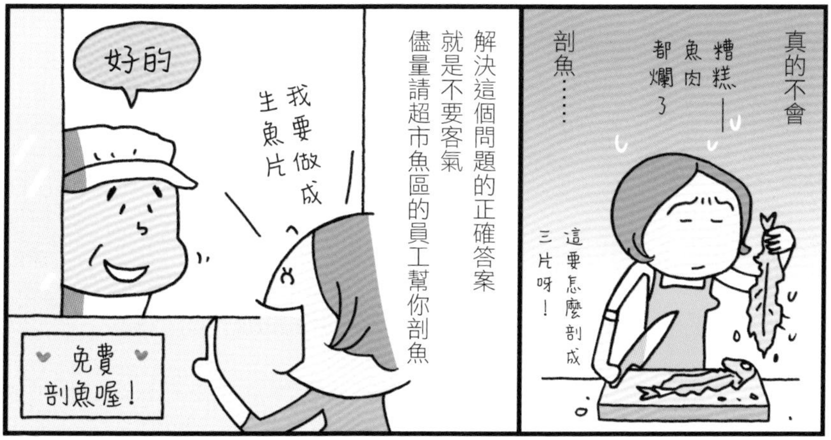
真的不會剖魚……
糟糕——魚肉都爛了
這要怎麼剖成三片呀！
解決這個問題的正確答案就是不要客氣 儘量請超市魚區的員工幫你剖魚
我要做成生魚片
好的
免費剖魚喔！

水島
理論

去除魚腥味 留下甘甜滋味！

首先將魚腥味整個去除之後，接著再將其滷至入味。重點在於鹹度與溫度。滷煮的時候將滷汁的鹽分調整在 0.8%，接著再慢慢加溫就可以了。

完全去除魚腥味

利用「滲透壓」將魚腥味從魚肉中趕出去，
取而代之滲入其中的是滷汁。這樣烹調出來的魚肉可是會驚人地鮮嫩呢。

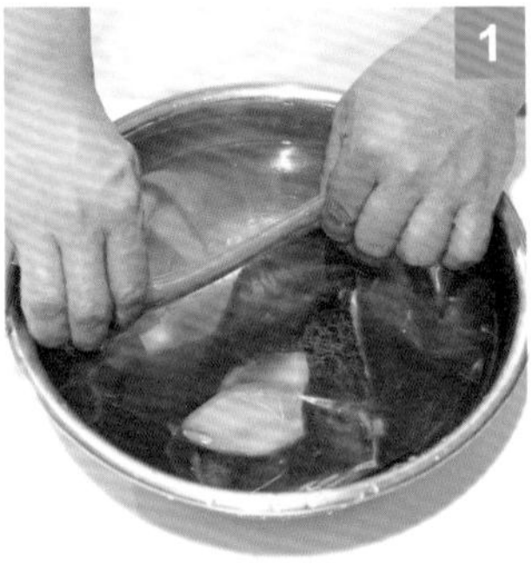
1

冷卻的滷汁、魚及薑片倒入夾鏈袋中，放入盛滿水的盆缽裡，利用水壓將裡頭的空氣擠出來。

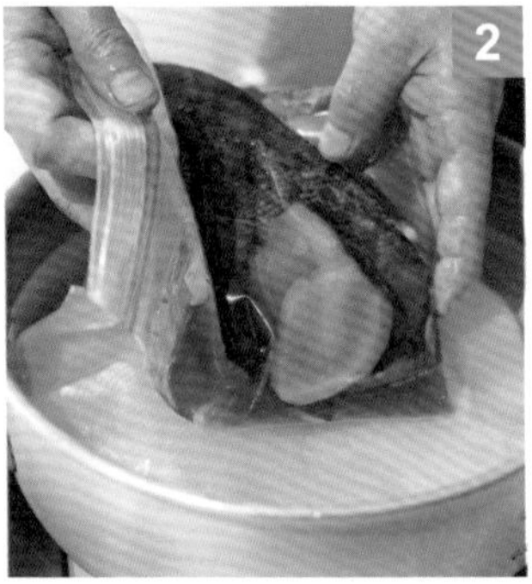
2

鍋底鋪上一張廚房紙巾並倒入水。1 沉放其中，以小火加熱至 40℃之後熄火，到此為止即可去處魚腥味。

3

魚連同袋子一起翻面，再次加熱至 70℃時熄火，並蓋上鍋蓋，燜 5 分鐘。

4

將 3 的滷汁倒入鍋中，以小火加熱 10 分鐘，當溫度升至 90℃時浮末會凝固。

5

魚倒入平底鍋中，一邊用廚房紙巾過濾 4 的滷汁，一邊以中火熬煮收汁之後淋在魚肉上即可。

慢慢加熱的話，烹調好的魚肉不僅會變得更加柔嫩，還可以一併去除腥味。

如何做出香氣撲鼻的魚肉丸子

成功作出魚肉丸子的第一個條件，就是讓魚肉整個黏合，
並稍微花些功夫去除魚腥味就可以了。接下來要介紹用手剖開魚的方法。

大拇指伸入沙丁魚靠魚頭那一側的中骨上方，沿著魚骨朝魚尾移動，讓魚骨與魚肉分離。

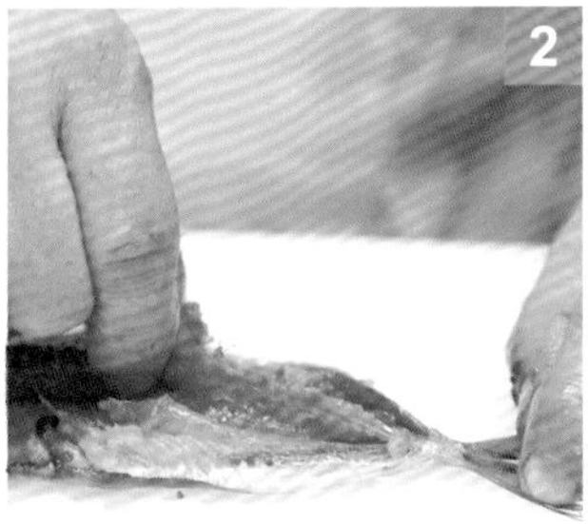

剖開魚肉，大拇指與食指緊緊捏住魚骨，以把魚骨從魚肉上撕下來的要領剔除魚骨。

腹骨用刀子切除。盡量薄薄地把魚骨整個斜切下來。

用鑷子剔除魚刺。拔的時候只要朝魚頭方向拉，魚肉就不會破碎。

撒上分量約魚肉丸子材料重量 0.8% 的鹽，用壓切的方式將魚肉剁碎。

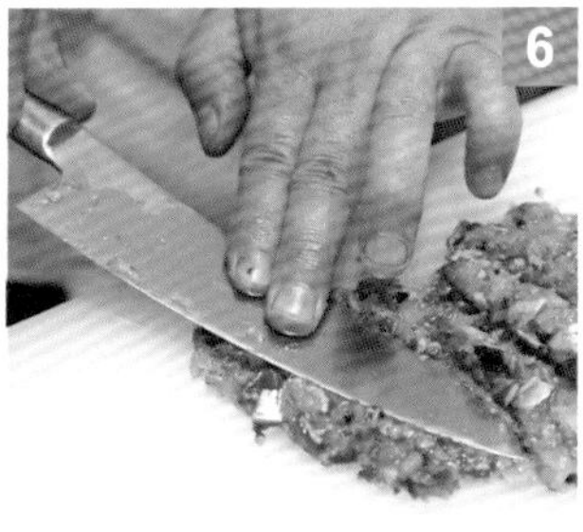

剁碎至某個程度之後刀子平放，用刀刃把魚肉壓爛，利用黏性，讓魚肉黏合。

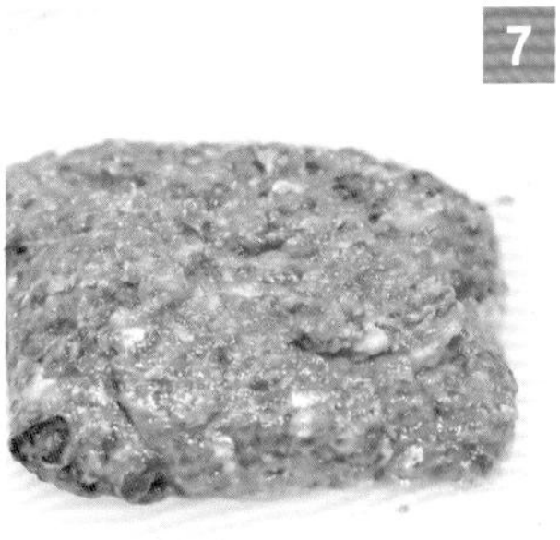

當魚肉充滿黏性，整個黏合在一起之後，再依喜好加入薑、山藥與太白粉，混合並且塑整成形，以便斟酌分量。

魚肉泥捏成丸子狀。將7分成六等分之後放在手掌上捏成漂亮的丸子狀。

8放入鋪上一層油的平底鍋裡，以小火將兩面煎熟。釋出的油水帶有魚腥味，要用廚房紙巾擦拭乾淨。

鮮嫩魚肉，入口即化

乾燒鰈魚

作法

1 酒、醬油、砂糖與鹽倒入鍋，以中火將酒精煮至揮發之後放至冷卻。

2 鰈魚、薄薑片及 1 倒入夾鏈袋中。

3 鍋裡鋪上一層廚房紙巾，倒入 2 以及剛好可以蓋住 2 的水量，以小火加熱至 40℃後翻面，放置 5 分鐘。

4 再次以稍弱的中火加熱，當溫度升至 70℃時熄火，蓋上鍋蓋，放置 5 分鐘。

5 滷汁倒入鍋，以小火加熱至 90℃。

6 從袋中取出的鰈魚，放入平底鍋裡，一邊用廚房煮汁過濾 5 的滷汁，一邊將其倒入鍋中，開中火加熱後加入味醂，一邊熬煮一邊淋上滷汁，使其充滿光澤。

7 將 6 盛入盤中，最後再淋上滷汁。

材料（1 人份） 平底鍋直徑 24cm

鰈魚（切塊）……240g
酒……200g
醬油……15g
砂糖……15g
鹽……0.4g
味醂……10g
薑（切薄片）……2～3 片

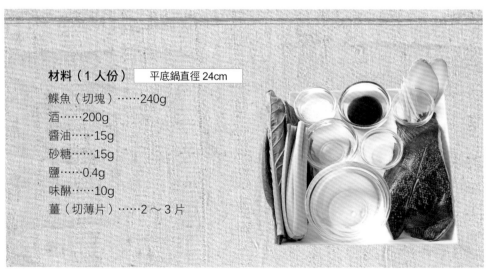

煎過之後香氣撲鼻

沙丁魚肉丸子湯

作法

1 依照 73 頁的要領製作魚肉丸子。先將沙丁魚切成 1cm 的塊狀。山藥磨成泥，芹菜切成碎末。

2 沙丁魚撒上分量約魚肉丸子材料重量 0.8% 的鹽之後剁成泥。

3 2/3 分量的 **2** 倒入擂缽中，用擂槌搗成泥。

4 剩下的沙丁魚、蛋白、山藥、芹菜、薑汁及太白粉加入 **3** 中，混合之後分成 6 等分，並捏成丸子狀。

5 平底鍋倒入略多的沙拉油，**4** 下鍋油煎。

6 酒倒入鍋，熬煮至剩下一半的分量。另起一鍋，將熬煮過的酒、水及昆布倒入其中，泡置 10 分鐘，接著加入 **5**、鹽、醬油與薑汁，以小火加熱至 80℃之後，取出昆布並熄火。

7 最後再盛入容器中即可。

材料（2 人份） 平底鍋直徑 15cm，鍋子直徑 15cm

真沙丁魚……2 條（18cm 左右，每條 120g）
蛋白……10g
山藥……10g
芹菜……2 根
薑汁……2g
太白粉……5g
鹽……魚肉丸子材料重量的 0.8%
沙拉油……適量

水……300g
昆布……5g
酒……30g
鹽……1 ～ 1.4g
醬油……5g
薑汁……2g

為什麼 醬汁會結塊？

這麼說或許理所當然，不過奶油燉菜美味與否，有九成確實是靠奶油炒麵糊。只要用中火不斷用手攪拌，慢慢炒出成功的麵糊，那就等同於奪下錦標了！既然如此，大家要不要試著作出口感滑順、奶香濃郁的奶油燉菜呢？

Q 翻炒麵粉的時候常常會和洋蔥一起炒，這樣可以嗎？

A 所謂的奶油炒麵糊原本只是粉（麵粉）與油脂（奶油）一起翻炒而成的，可是加了其他東西之後，就不能算是奶油炒麵糊了。用小火把麵粉與奶油加熱拌炒至滑順的是白色麵糊，一鼓作氣炒出焦色的則是褐色麵糊。

Q 要怎麼炒麵糊才不會結塊呢？因為麵粉就算用篩網過篩了，麵糊還是會出現結塊的。

A 過篩麵粉的目的，是為了讓麵粉的顆粒均勻一致。另一方面，炒奶油麵糊的時候之所以會出現結塊，原因其實不在於此。如前所述，所謂的奶油炒麵糊，是經過加熱產生變化的麵粉與奶油混合攪拌而成的麵糊。麵粉裡所含的麵筋會變成膠囊狀，只要一加熱，膠囊就會打開，讓裡頭的麵筋跑出來與奶油混合。所以這個時候最重要的，就是加熱環境（條件）要固定，這樣才能夠讓所有麵筋均等地從膠囊中跑出來。

Q 加熱環境（條件）要固定是什麼意思？

A 讓封鎖住麵筋的膠囊打開的溫度為65～70℃，這也是讓奶油與麵粉均勻攪和的最佳溫度。可是這個溫度一旦超過80℃，膠囊打開的方式就會不一致，導致攪和出來的麵糊水水的，口感變得非常不滑順。相反地，溫度要是不到55℃的話，封鎖住麵筋的膠囊反而會無法順利打開，這就是造成麵糊結塊的原因。

Q 要怎麼看才會知道麵糊已經攪拌好了呢？

A 用木勺在鍋底畫一條線看看吧。如果可以畫出一條非常漂亮的線那就OK了！如果畫出的線條歪七扭八的，就代表麵糊的溫度太高了。

滑順香濃的麵糊

材料只有奶油與麵粉，一邊適度加熱，一邊慢慢攪拌成奶油麵糊。

洋蔥沾滿麵粉，整鍋都是結塊

奶油與麵粉還來不及混合，洋蔥就已經沾滿麵粉了。

OK

水島派食譜

奶油與麵粉混合攪拌就可以了

油脂與粉適度加熱，就能夠作出可口美味的奶油炒麵糊了。

滑順～

慢慢攪拌

用小火慢慢拌炒，就能夠炒出一鍋滑順的奶油炒麵糊了。

NG

這就是失敗的原因！

拌炒的時候加了洋蔥

洋蔥沾到麵粉，導致麵糊結塊。

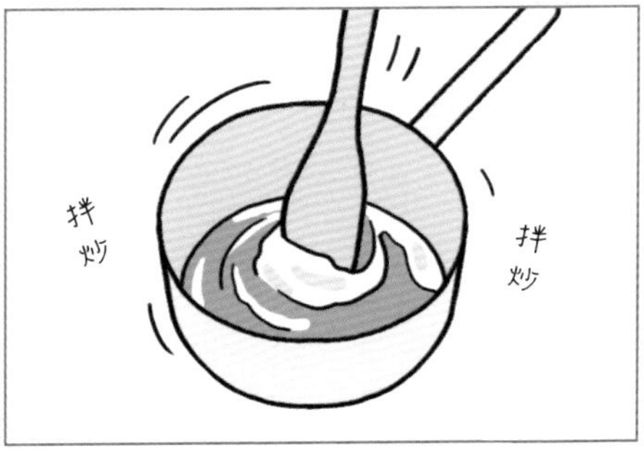

拌炒
拌炒

短時間內簡單拌炒

為了不讓麵糊變得粉粉的而快速簡單拌炒，只會作出黏稠沉重的奶油炒麵糊。

溫度管理非常重要，所以手邊最好準備一支烹飪專用的溫度計喔。

我一直都在裡頭加洋蔥……難怪炒好的麵糊會不結塊。

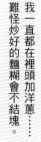

水島理論

奶油燉菜美味的關鍵在於奶油炒麵糊！

奶油燉菜的風味取決於奶油炒麵糊。食材則是另當別論。接下來要介紹在寒冷冬季忍不住想要來一碗可以暖和心窩、滋味溫醇的奶油燉菜作法。

白色麵糊的作法

想要均勻攪拌不炒糊，就必須要經過嚴密的溫度管理。
拌炒時要不停地慢慢攪拌，以免麵糊結塊。

材料（3～4人份）

低筋麵粉……20g
無鹽奶油……20g
牛奶……500g
鹽……3g

1 奶油放入鍋，以文火煮3～4分鐘，加熱至65～70℃，讓奶油在不起泡的情況之下慢慢融解。

2 熄火之後倒入低筋麵粉，迅速攪拌至可以在鍋底畫出線條之後放置5分鐘，讓麵糊整個融在一起。

3 再次以小火加熱，煮至咕嘟咕嘟冒泡時移開鍋子，等奶泡都散了之後再加熱。相同步驟重複數次，熬煮至滑順的狀態。

4 一口氣倒入牛奶與鹽，熬煮15分鐘，一邊留意別讓鍋底煮糊，一邊讓醬汁咕嘟咕嘟沸騰，直到變成濃稠的麵糊為止。

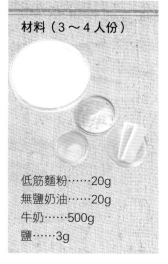

褐色麵糊的作法

索性慢慢把低筋麵粉稍微弄糊、直接炒上色的褐色麵糊。
多做一些冷凍保存的話，隨時都能派上用場。

材料

無鹽奶油……20g
低筋麵粉……20g
巴沙米可醋 ……30g
番茄汁……80g

巴沙米可醋倒入小鍋中，以小火煮至濃稠。熬煮至剩下五分之一時將鍋子移開。

再次放在火爐上，一口氣加入番茄汁，一邊用攪拌器均勻攪拌，一邊加熱。

另起一鍋，放入奶油，依照 78 頁的方式以 65 ～ 70℃的溫度使其融化，熄火後再加入低筋麵粉。

3 迅速攪拌之後先放置 5 分鐘，再以小火加熱，直到可以在鍋底畫出一條清楚的線條為止。

重複相同步驟，繼續加熱。一邊注意不要煮糊，一邊將麵糊炒上色之後，熄火攪拌，使其整個融在一起。

一口氣將 2 倒入 5 中混合攪拌。此時將木勺改為橡皮刮刀，慢慢地不時攪拌。

用橡皮刮刀一邊留意不要煮糊，一邊慢慢熬煮成麵糊的狀態。只要和照片中的麵糊一樣濃稠即可。

一邊留意火候，一邊重複相同步驟，將麵糊炒成與麵包邊一樣深的顏色。相同步驟通常重複 5 ～ 7 次即可。炒好的褐色麵糊可以冷凍保存。

盡享切塊食材的飽滿口感

奶油燉雞肉

作法

1 洋蔥切成 1cm 寬的薄片，胡蘿蔔滾刀切成 2cm 的塊狀，雞肉切成適口大小。

2 依照 78 頁的要領製作白色麵糊。

3 青花菜倒入煮沸的開水裡汆燙 3 分鐘，胡蘿蔔汆燙 5 分鐘。

4 沙拉油倒入鍋，洋蔥、**3** 及縱切一半的蘑菇以小火翻炒約 10 分鐘。

5 雞肉撒上分量約其重量 0.8% 的鹽，並依照 17 頁的要領煎熟。

6 取出雞肉，酒倒入平底鍋中，熬煮至剩下四分之一。

7 將 **6** 及 **2** 倒入 **4** 中，並開小火。當麵糊開始咕嘟咕嘟沸騰時先煮 5 分鐘，蓋上鍋蓋之後續煮 2 分鐘，接著再燜 5 分鐘。

8 最後盛入盤中即可。

材料（1 人份） 鍋子直徑 18cm

雞腿肉……100g
鹽……雞肉重量的 0.8%
洋蔥……30g
胡蘿蔔……30g
青花菜……30g
蘑菇……30g
酒……30g
沙拉油……適量
胡椒……適量
白色麵糊……適量
（請參照 78 頁）

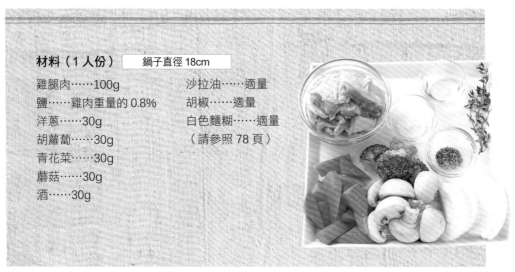

款待客人的高級料理

紅酒煨牛肉

作法

1 牛肉切適口大小，洋蔥切 5mm 寬的薄片，胡蘿蔔滾刀切成 2cm 的塊狀，蘑菇切成四半。

2 牛肉煎過之後倒入紅葡萄酒。

3 另起一平底鍋，倒入沙拉油，以小火翻炒牛肉以外的 1 約 10 分鐘。

4 將 2、3 與水倒入鍋，以中火煮至沸騰之後撈除浮末。

5 加入 A，蓋上內蓋，以小火煮至沸騰之後燉煮一個半小時。

6 製作 79 頁的奶油炒麵糊。

7 倒入 2/3 分量的 6 至 5 裡，燉煮一個半小時。

8 打開蓋子，繼續燉煮 30 分鐘之後熄火，燜蒸 1 小時。

9 最後再盛入盤中即可。

材料（1 人份） 平底鍋直徑 18cm

牛肉（牛五花、腿肉、肩胛肉或牛腱肉）……280g

胡蘿蔔……80g

洋蔥……80g

蘑菇……50g

紅葡萄酒……50g

水……300g

沙拉油……適量

A
鹽……4g
細砂糖……5g
百里香……3 株
胡椒……胡椒研磨器轉 3 圈
褐色麵糊（請參照 79 頁）

茄汁墨魚

為什麼 墨魚口感會變硬？

墨魚其實是一種不好加熱的食材。記得要挑選鮮度較高的，並且用正確的方式來處理。除了烹調出柔嫩口感，如果能夠將那股鮮甜的滋味提引出來的話，就是一道非常成功的墨魚佳餚了。

Q 不論是日式還是西式餐點都能夠大顯身手、滋味鮮甜的墨魚通常都會事先汆燙以去除腥味，可是這樣口感就會變得跟橡皮一樣硬，為什麼？

A 汆燙的方式非常重要。回想一下自己在汆燙墨魚的時候用的是不是純水，而且還是滾燙的熱水呢？告訴大家，這麼做非但不能去除腥味，反而還會破壞細胞，讓裡頭的水分流失，這就是造成墨魚口感變得和橡皮一樣硬的原因。

Q 那要怎麼做才能夠把那股腥味整個消除乾淨呢？

A 墨魚算是海鮮類，可以採用在70頁提到的方法，也就是放入低溫的鹽水之中就能夠去腥了。墨魚的話，放入濃度為0.8％的鹽水，並且加熱至55℃就可以去除腥味了。墨魚原本就是易熟的食材，所以要挑選新鮮一點的，儘量避免使用冷凍墨魚。至於冷凍食品區的綜合海鮮，也最好不要買來用。

Q 一起燉煮的里芋明明已經很入味了，但是墨魚卻還好，甚至不夠入味，為什麼？

A 先看看自己用的是不是冷凍墨魚呢？剛才已經說過要「儘量避免使用」，因為不管是冷凍的，還是事先燙過熱水的，都會造成墨魚水分流失，使得裡頭的鮮甜滋味不容易保留下來。大家可以試著將生鮮墨魚處理好，用鹽水去除腥味之後，再用小火略為烘烤看看。這個方法不僅可以去除腥味，保留鮮甜滋味，還能夠讓墨魚那股Q彈的獨特口感保留下來呢。

Q 墨魚事前要如何正確處理呢？

A 墨魚除了嘴、眼睛、吸盤以及生殖器，其他部分幾乎都可以食用。這個部分在84頁有詳細解說，大家一定要好好掌握訣竅。

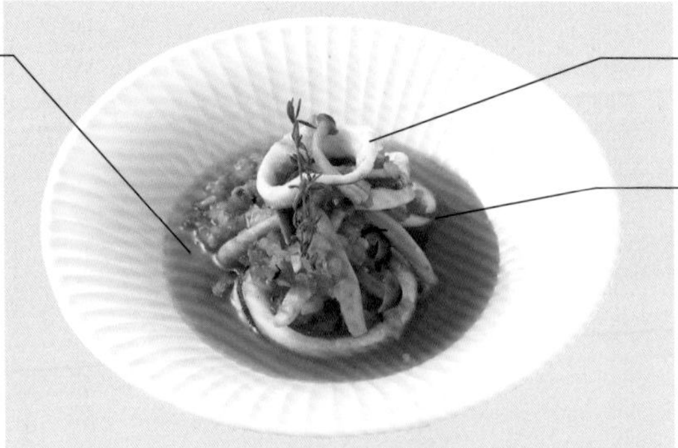

醬汁太稀
墨魚無法沾上

墨魚肉變硬
不夠入味

皮縮水
不容易食用

汆燙等事先處理的步驟萬一方式不對，墨魚就會無法沾上醬汁，不然就是口感變硬。所以烹調的時候千萬不可以用大火。

OK

水島派食譜

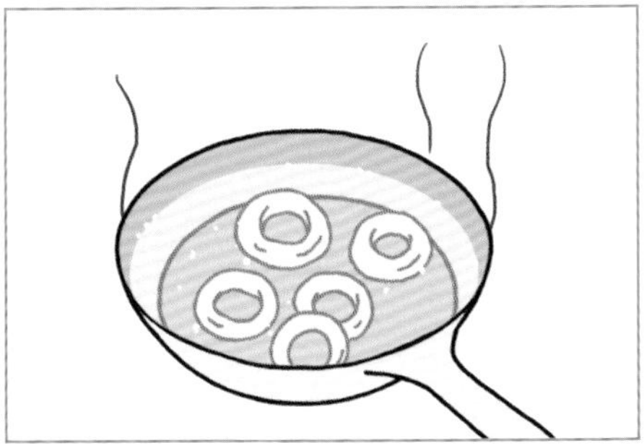

溫度慢慢上升

只要將墨魚放入濃度 0.8% 的鹽水裡低溫加熱，就能夠消除腥味了。

用小火翻炒墨魚

讓溫度慢慢上升，不僅可以消除腥味、讓味道更加鮮甜，口感也不會變硬。

NG

這就是失敗的原因！

直接用熱水汆燙

溫度急驟上升的話，墨魚會因為水分流失而收縮變硬。

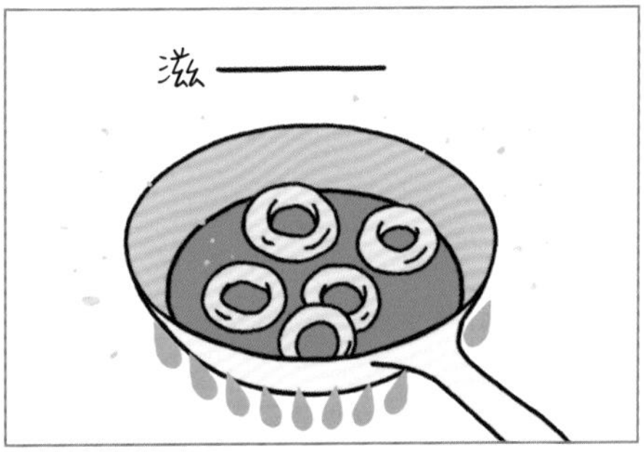

用大火翻炒墨魚

用大火翻炒的話，墨魚肉會因為收縮而變硬。

墨魚是一種滋味鮮甜飽滿的海鮮。只要事前處理的方式掌控好，在家裡也能夠享受到可口美味的墨魚料理。

我根本就不知道墨魚哪個部分可以吃！在餐廳吃到的墨魚明明讓人口齒留香，可是為什麼自己煮的時候每次都跟橡皮一樣硬呢？

水島
理論

分切墨魚的訣竅

墨魚大致可以分為三個部位：軀幹、足與內臟。為了方便食用，每個部位都要事先處理乾淨，這樣就能夠大啖一整隻墨魚了。

如何宰殺墨魚

墨魚形狀雖然複雜，不過事先處理的目的，是為了去除腥味，保留鮮甜滋味，吃的時候更加順口。就讓我們好好地掌握這個竅門吧！

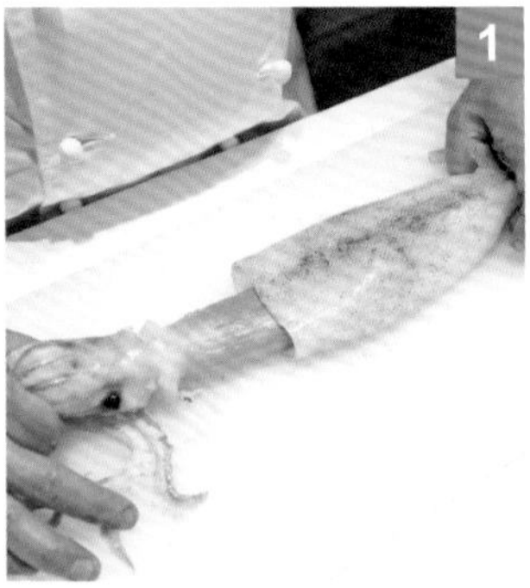

大拇指與食指抓住內臟與軀幹之間的軟骨，連同內臟一起拉出。

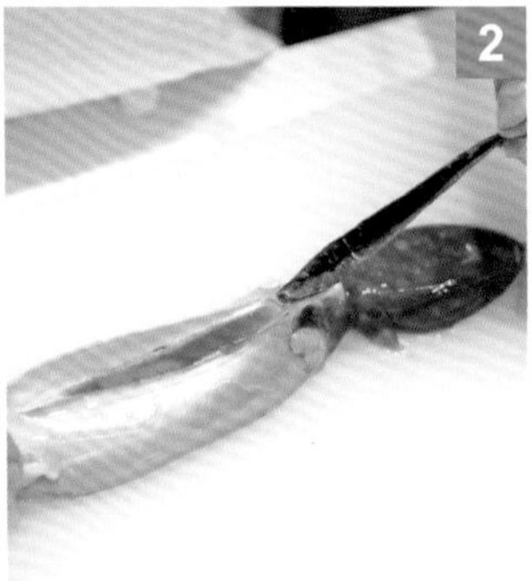

內臟囊袋上有個墨囊，一邊小心不要弄破，一邊將其取下。

切除等同於生殖器的長足末梢。較大的吸盤要刮除，不過大致清除即可，不需太在意。

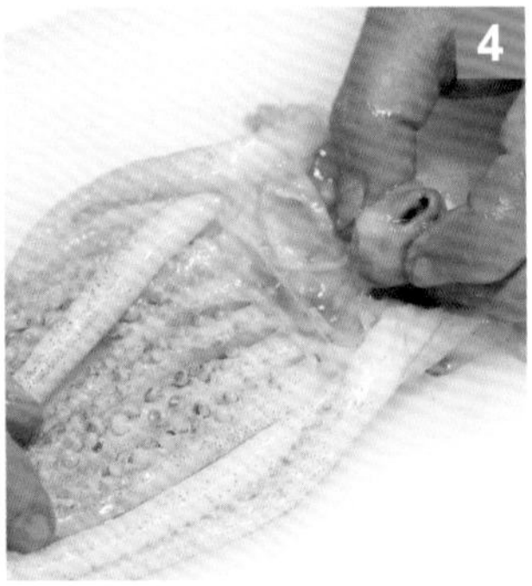

去除不能食用的墨魚嘴。大拇指與食指捏住墨魚嘴，壓下拔出之後仔細清洗即可。

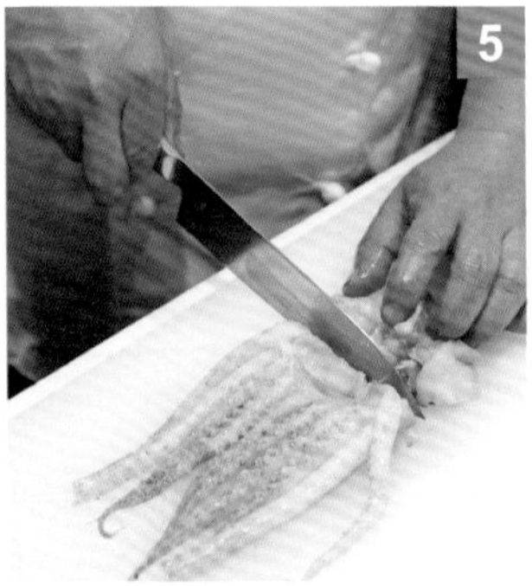

頭的部分與墨魚足分切開來。取出墨魚嘴與眼睛之後切成適口大小，這樣整個頭部就可以食用了。

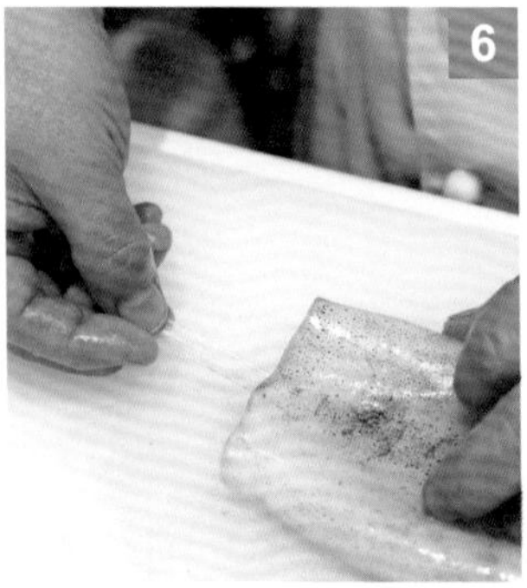

清除軀體內部剩下的軟骨。依照1的方式用大拇指與食指即可將其拉出。最後再清洗乾淨即可。

滋味濃郁的內臟讓滋味更加香醇

茄汁墨魚

作法

1 墨魚依照 84 頁的要領事先處理好之後，切成 1cm 寬的圈狀，倒入平底鍋中，以小火炒過備用。

2 洋蔥、蘑菇與大蒜切碎末，芹菜斜切成 3mm 寬的薄片，番茄切 1cm 的果丁狀。

3 橄欖油倒入平底鍋，放入大蒜與去籽的乾辣椒，以小火加熱。

4 加入洋蔥與蘑菇，炒熟之後倒入芹菜，續炒 2 分鐘。

5 淋上酒，酒精揮發後倒入番茄燉煮。

6 將 1 與 A 倒入 5 之中，燉煮 5 分鐘之後加入墨魚內臟，續煮 2 分鐘。

7 最後盛入盤中即可。

材料（1 人份） 平底鍋直徑 18cm

墨魚……150g
洋蔥……50g
番茄……200g
芹菜……50g
蘑菇……30g

A
黑橄欖……20g
羅勒葉……1 株
鹽……3g
大蒜……7g
乾辣椒……1 根
橄欖油……15g
酒……60g
墨魚內臟……50g

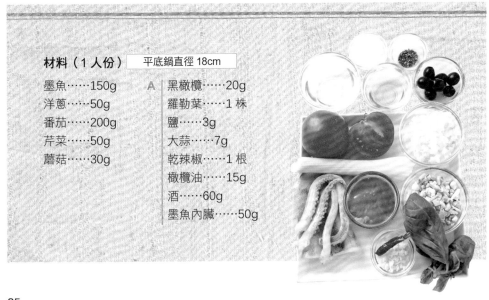

為什麼 高麗菜會掉色？

高麗菜的翠綠搭配番茄醬的豔紅烹調而出的高麗菜捲，是一道讓大人小孩愛不釋手的美食。充分加熱之後，食材的滋味不僅更加甘甜，顏色也會變得更加鮮豔亮麗。接下來要為大家介紹所有條件一應俱全、內容豐盛的高麗菜捲食譜。

Q 為了不讓捏成飯糰狀的絞肉餡露出來，每次都會用上大片一點的高麗菜葉。可是這樣每次在做這道菜的時候都要買一大顆高麗菜，而且連最外葉也會盡量拿來做高麗菜捲。

A 碩大的葉片整個下鍋汆燙並不容易。而且特地買了一大顆高麗菜就只是為了做出4個或6個高麗菜捲那更不經濟，而且把那一大顆高麗菜吃完也不輕鬆。因此我要推薦的，是用切成四等分的高麗菜菜葉疊放在一起，做成錢狀之後再將絞肉餡包起來的方法。這個部分88頁有詳細說明，大家務必要挑戰看看。

Q 本想細火慢燉，卻發現高麗菜葉非但變得軟爛，纖維整個浮出，而且還變得不容易進食，為什麼？

A 燉煮之後高麗菜本身雖然會變得柔嫩，但是葉片纖維卻會變得更明顯，而且顏色掉落，到處佈滿筋。此時不如換個方式，包好高麗菜捲之後，先下鍋煎看看吧。煎過之後菜葉顏色不僅會變得更加鮮豔，味道也會更清甜。煎的時候只要將做成錢袋狀的接縫處朝下貼放在鍋面上，這樣裡頭的餡料就不會跑出來了。

Q 吃的時候為什麼裡頭的肉餡會整個散開呢？

A 在34頁的漢堡排這個章節中我們曾經提到，肉餡如果沒有好好黏合的話，整個肉餡就會變得鬆散破碎，所以絞肉要先用擀麵棍或擂棍搗打，讓肉泥整個黏合之後再用高麗菜葉包起來。接著擺入平底鍋裡煎，最後再放入另外煮好的番茄醬汁裡略為燉煮，就能夠做出鮮豔翠綠、玲瓏可愛的高麗菜捲了。這就是一道充分利用食材顏色烹調出色彩繽紛、令人食指大動的食譜。

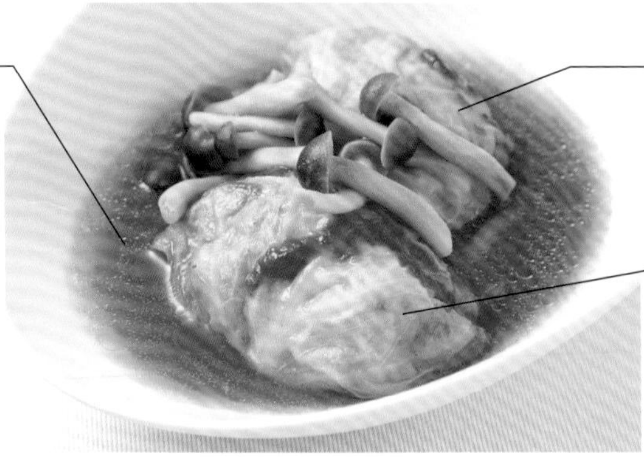
番茄醬的油脂
整個釋出
高麗菜的顏色
整個掉落
看起來纖維密
佈不易咬斷

烹飪的時候轉個念，改個方式非常重要。用燉的發現食材無法好好處理的話，那就改用煎的看看吧。這樣纖維殘留、顏色掉落等各種問題就會迎刃而解了。

OK

水島派食譜

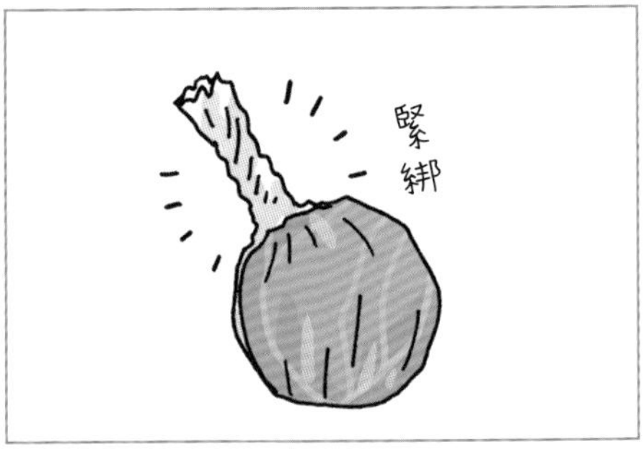

用切成四等分的高麗菜菜葉包起來

將面積較小的高麗菜葉疊放在一起，絞肉餡放在上面之後，再用保鮮膜緊緊地包成錢袋狀。

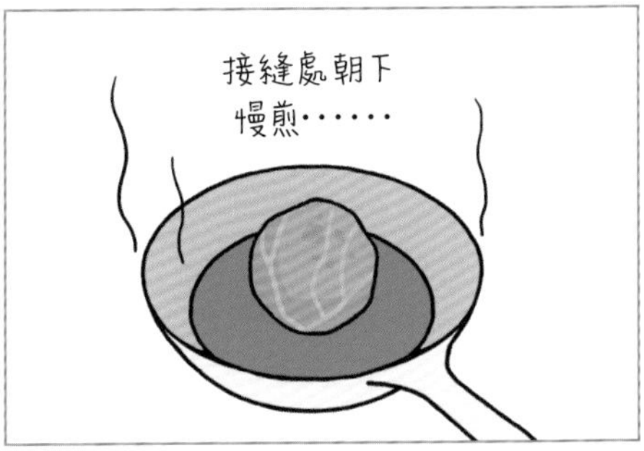

不能燉的話，那就試著用煎的

這樣就可以讓高麗菜的顏色青翠、滋味清甜，絞肉餡也可以保持柔嫩的口感。

NG

這就是失敗的原因！

用一片大大的高麗菜葉包起來

這樣就要買一整顆大大的高麗菜，還要準備一個大大的鍋子還有大量的水了。

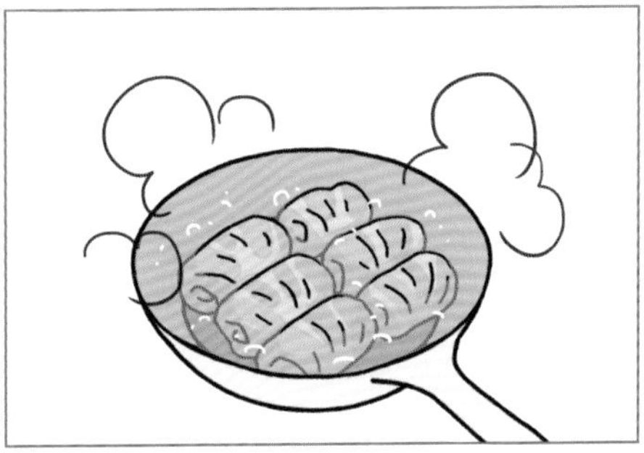

長時間燉煮

長時間燉煮的話會讓高麗菜的纖維更明顯，而且還會掉色。

想要讓這道菜看起來更加新鮮翠綠，不妨試試這個方法。將新鮮食材做成醬汁之後，將高麗菜捲放在上面，最後再置於爐火上燉煮看看吧。

想說高麗菜捲是燉煮菜，應該會越燉越好吃，可是……

水島理論

高麗菜不需要買一整顆！

讓我們把造型圓滾、討人喜愛的高麗菜捲顏色弄得更加鮮豔翠綠吧！接下來要告訴大家用小小的高麗菜葉漂亮地把絞肉餡包起來的方法。

高麗菜葉事前處理的方法

1 準備好已經分切的高麗菜

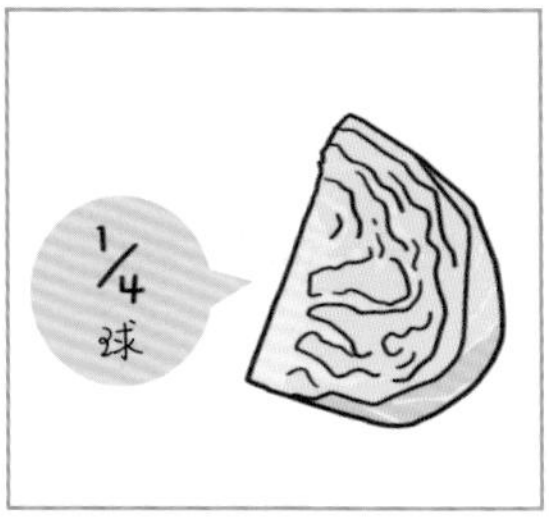

2 人份的高麗菜捲需準備 8 片切成四分之一的高麗菜菜葉。大塊的菜芯要切除或削薄。

2 用濃度 0.7% 的鹽水汆燙

菜葉洗淨之後，放入 0.7% 的鹽水裡，燙軟之後熄火。

3 泡水

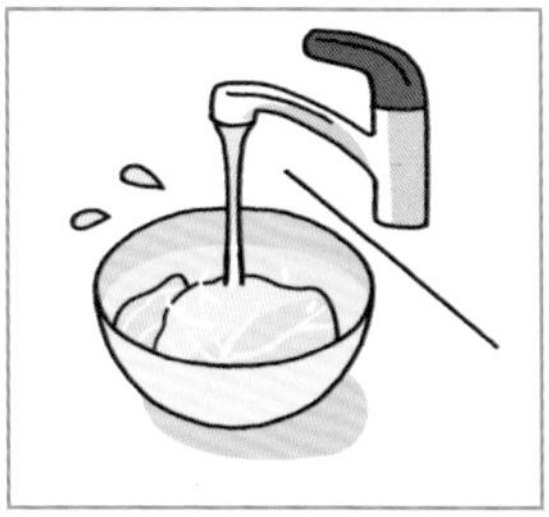

高麗菜葉燙好之後浸泡在常溫的冷水裡略為冷卻，但是水溫不要過低，這樣才能夠發出鮮豔的顏色。

4 撒鹽

拭乾水分之後將高麗菜葉攤放在保鮮膜上，撒上分量約其重量 0.8% 的鹽。

製作高麗菜捲的訣竅

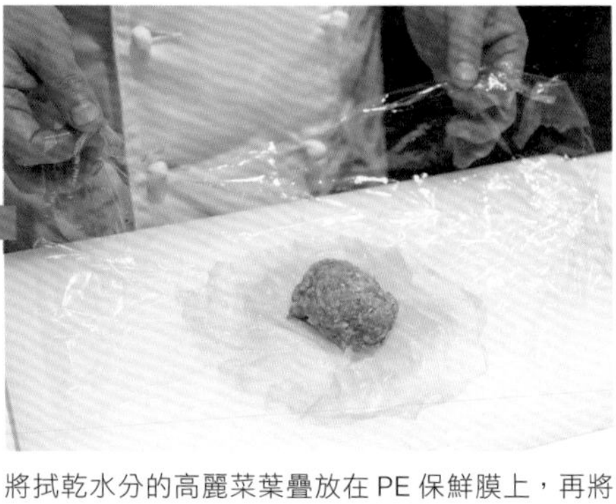

將拭乾水分的高麗菜葉疊放在 PE 保鮮膜上，再將絞肉餡置於其中。

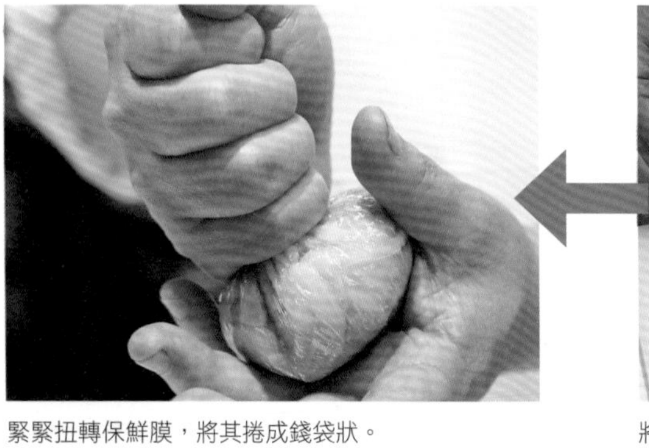

緊緊扭轉保鮮膜，將其捲成錢袋狀。

圓滾可愛、鮮豔翠綠的

高麗菜捲

作法

1 高麗菜依照 88 頁的製作要領事前處理好。

2 洋蔥與蘑菇切碎末，番茄切成 1cm 的果丁狀。麵包粉浸泡在牛奶裡。

3 製作絞肉餡（請見 36 頁）。沙拉油倒入平底鍋，洋蔥炒透。

4 蛋液倒入 2 的麵包粉中，與 3 混合後加入分量約其重量 0.8% 的鹽、胡椒與肉豆蔻，以手略為拌和之後分成兩等分。

5 依照 88 頁的要領將高麗菜捲做成錢袋狀。沙拉油倒入鍋，接縫處朝下貼放在鍋面上，以小火煎 10 分鐘後翻面，續煎 3 分鐘。

6 製作醬汁。奶油、洋蔥、蘑菇以及切碎的大蒜放入鍋，以小火加熱 5 分鐘後淋酒熬煮。接著倒入番茄、水、鹽與胡椒，以小火煮 5 分鐘後蓋上內蓋，續煮 5 分鐘即可。

材料（1 人份） 平底鍋直徑 18cm，鍋子直徑 15cm

牛豬混合絞肉……60g
雞腿絞肉……20g
鹽……0.7g
高麗菜……100g（切成四分之一的高麗菜菜葉 4 片）
洋蔥（切碎末）……15g
麵包粉……5g
牛奶……5g
蛋液……5g
鹽……炒洋蔥＋麵包粉＋牛奶＋蛋液重量的 0.8%
鹽……燙熟的高麗菜菜葉重量的 0.8%
胡椒……胡椒研磨器轉 2 圈
肉豆蔻……1g
沙拉油……適量
醬汁……適量
洋蔥……30g
蘑菇……10g
大蒜……2g
無鹽奶油……5g
酒……20g
水……20g
番茄……100g
胡椒……適量
鹽……0.8g

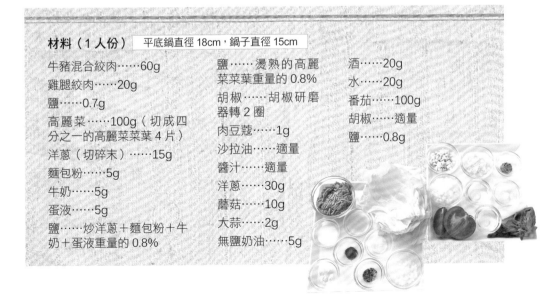

Chapter 4

炸出金黃色澤、酥脆口感的美味炸物

不管是帶便當還是當作晚餐，炸物永遠是大家的最愛，但是卻也常遇到「炸得扁扁的」「裡頭沒有炸熟」等慘痛的失敗經驗。其實這個部分的重點同樣是在火候。就讓我們徹底掌握訣竅吧！

Contents

為什麼

外層都焦了 裡頭還是生的呢？

在做可口美味、分量飽滿、人人喜愛的炸雞塊時，重點還是脫離不了「火候」。只要學好 Chapter 3 的水島派食譜，之後就很簡單了。抱著複習的態度，放鬆心態，再次挑戰看看吧！

Q 不管怎麼小心留意，還是會不小心把雞塊炸壞，那就是外熟內生。可是慢慢炸的話，卻又會變成內熟外焦，有時火大就乾脆把做壞的材料丟掉。有沒有那種絕對不會失敗的方法呀？

A 沒有一種烹調法像油炸那樣必須一直管控溫度。炸東西的時候，溫度通常都設定在幾℃呢？

Q 沒有特地去量，應該是180℃左右吧。也就是麵糊滴入油鍋裡就會立刻浮起的溫度。

A 其實雞肉在加熱的時候，只要有65℃就已經足夠了。加熱的目的有兩個，一個是讓食材內部整個煮熟，另外一個目的是炸出令人垂涎三尺的顏色。一道成功的炸雞塊為了具備這兩個條件，最好的方式就是讓冷油的溫度慢慢上升，因為把生雞肉丟入熱油裡的話，沒多久就會處於燙傷狀態。最後再用180℃的高溫炸出漂亮的顏色就可以了。

Q 為什麼炸的時候麵衣常常會剝落？

A 如同22頁所說的，底粉扮演的角色和化妝的粉底一樣。總之最重要的，就是要均勻地上一層薄薄的粉，只要能夠做到這種地步，用來黏合的蛋液也能夠均勻地沾在肉塊上，這樣裹上的麵衣就不會輕易剝落了。

Q 家裡的便當菜雖然常常出現炸雞塊，可是時間一過，雞塊就會受潮變軟。要怎麼做出冷掉照樣美味的炸雞塊呢？

A 要回鍋再炸一次。第一次下鍋油炸的目的，是為了讓肉整個熟透。溫度方面以超過烹飪溫度計100℃為標準。第二次下鍋油炸的目的，是為了炸出顏色，所以正確的答案，是要用180℃的油下去炸。這樣就能夠炸出酥脆、而且比較容易把油瀝乾的炸雞塊了。

雞肉變硬而且縮水

同樣都是雞肉，但是油炸的溫度不一樣，起鍋的雞塊差異就會這麼大，縮水的程度將近一半。

裡頭炸得不夠熟

一開始就用高溫炸的話，會讓外層立刻陷入燙傷狀態，可是這時候雞塊裡頭還是生的。

OK

水島派食譜

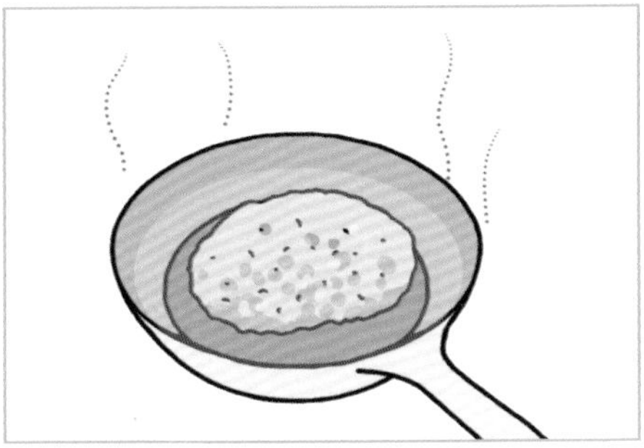

從低溫慢慢把溫度升高

將冷油與食材倒入冷鍋之中，並且以小火加熱，這樣就能夠維持鮮嫩口感，而且裡頭也會熟透。

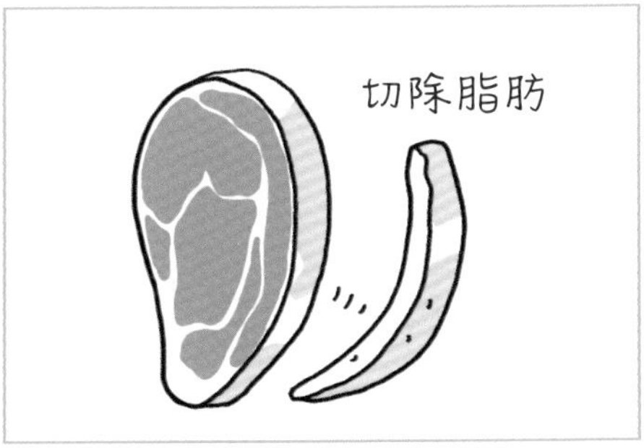

事前準備的時候先將脂肪切除

油炸是要用麵衣將食材整個封鎖起來，烹調方式與煎炒完全不同，所以脂肪部分事先切除會比較妥當。

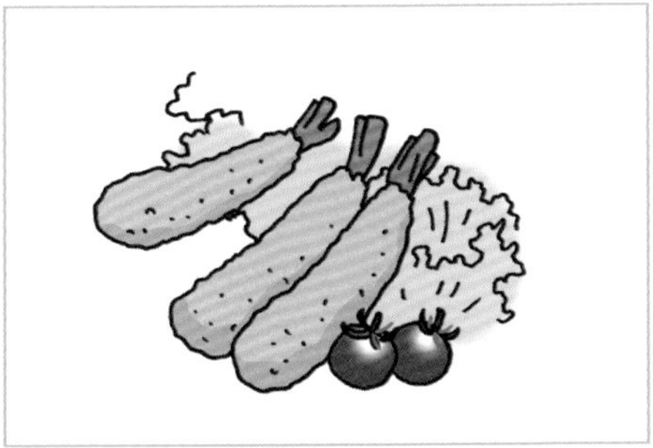

炸出漂亮筆直的炸蝦

想要炸出筆直的炸蝦，必須經過妥當的事前處理。詳細的處理方式請見 60 頁。

NG

這就是失敗的原因！

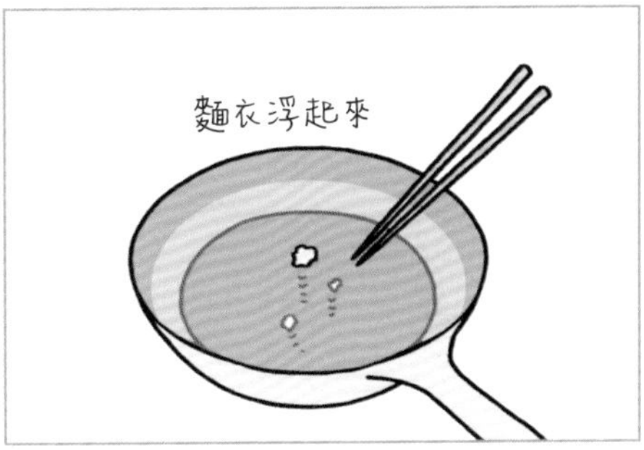

一開始就用高溫的油鍋炸

「麵衣滴入油鍋之後立刻浮起」是錯誤的油炸點。因為這代表油鍋的溫度太高了。

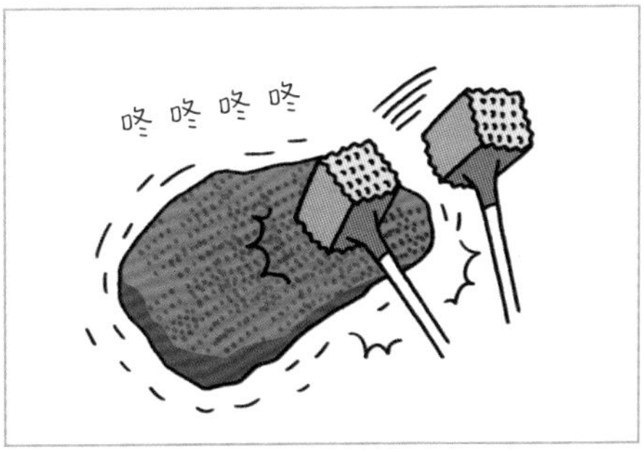

事前處理時搥打肉塊

為了切斷纖維而用肉鎚搥打肉塊的話會破壞細胞，這樣反而讓水分更容易流失。

蝦尾沒有切好

正確答案是要將蝦尾斜切下來，但是不知道為什麼有人只是在上面輕輕劃一刀，這樣裡頭的水分會讓油濺出來的。

下鍋炸兩次，口感更酥脆

酥炸嫩雞

作法

1 雞肉切適口大小。
2 將 1 與 A 倒入盆缽中，用手揉合之後加入 B 混合，醃漬 15 分鐘。
3 依照 22 頁的要領將底粉撒在 2 上。
4 雞肉與分量剛好可以蓋住雞肉的沙拉油倒入平底鍋中，以小火～稍弱的中火加熱 3 分鐘。超過 100℃之後續炸 5 分鐘，再將雞肉翻面。翻面之後過 3 分鐘將雞肉取出，置於淺盆中。
5 當 4 的沙拉油溫度上升至 180 ～ 200℃時將雞肉倒回鍋中，續炸 1 ～ 2 分鐘，將表面炸上色即可。

材料（1 人份） 平底鍋直徑 18cm

雞腿肉……200g
A 鹽……0.7g
醬油……10g
B 酒……8g
砂糖……4g
蛋液……15g
太白粉……15g
薑泥……10g
蒜泥……4g
胡椒……胡椒研磨器轉 5 圈
太白粉（底粉）
沙拉油……適量

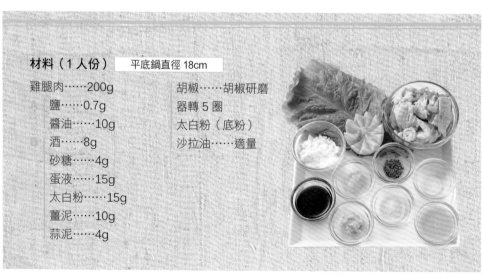

金黃色麵衣，鮮嫩的豬肉

炸豬排

作法

1 用刀子將豬肉脂肪斜切下來；如果不厚，就在上面劃上刀痕。

2 豬肉撒上分量約其重量 0.8% 的鹽、胡椒，依照 22 頁的要領打上底粉。

3 沙拉油倒入蛋液中，混合攪拌之後裹在豬肉上，瀝淨蛋液後沾上麵包粉，稍微輕壓。

4 平底鍋倒入 1cm 高的沙拉油。豬肉下鍋，並將鍋中沙拉油淋在豬肉上，以稍弱的中火～中火油炸，當溫度升至 45℃時，熄火放置 3 分鐘。

5 再次以稍弱的中火將豬肉周圍炸成白色之後翻面，當溫度升至 125～130℃時起鍋。

6 當 5 的沙拉油溫度升至 180℃時放回豬肉，加熱 40 秒～ 1 分鐘，將表面炸上色即可。

材料（1 人份） 平底鍋直徑 18cm

豬里肌肉……150g
鹽……豬肉重量的 0.8%
胡椒粉……適量
低筋麵粉（底粉）
蛋液
麵包粉
沙拉油……適量

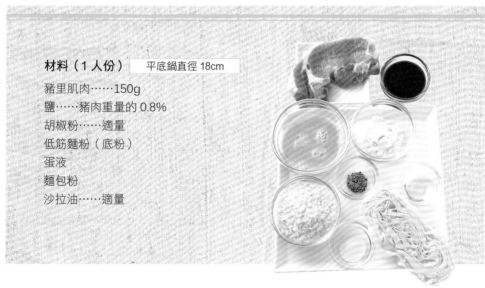

炸至酥脆的厚實竹莢魚

炸竹莢魚

作法

1 竹莢魚片成 3 片，剔除魚刺。

2 將 1 撒上分量約其重量 0.8% 的鹽以及胡椒粉，並依照 22 頁的要領打上底粉。

3 竹筴魚裹上一層蛋液，瀝淨之後沾上麵包粉。

4 魚皮面朝下貼放在平底鍋上，倒入可以蓋住竹筴魚的沙拉油，以稍弱的中火將竹筴魚炸至周圍冒出泡沫之後熄火，差不多九分熟時翻面，過 30 秒後起鍋。

5 將 4 的沙拉油再次加熱，以大火把溫度升至 180℃之後放回竹筴魚，將表面炸上色即可。

材料（1 人份） 平底鍋直徑 18cm

竹筴魚……2 條
鹽……竹筴魚重量的 0.8%
胡椒……適量
低筋麵粉（底粉）
蛋液
麵包粉
沙拉油……適量

Q 彈口感，無人能擋！

炸蝦

作法

1 鮮蝦依照 60 頁的要領事先處理。

2 將 1 撒上分量約其重量 0.8%的鹽以及胡椒粉，並依照 22 頁的要領打上底粉。

3 蝦子裹上一層蛋液，瀝淨之後沾上麵包粉。

4 將蝦子與分量剛好可以蓋住蝦子的沙拉油倒入平底鍋中，以稍弱的中火油炸。

5 當蝦子周圍開始冒出泡泡之後翻面，過 1 分鐘後起鍋。

6 將 5 的沙拉油再次加熱，以大火把溫度升至 180℃之後放回蝦子，將表面炸上色即可。

材料（1 人份） 平底鍋直徑 18cm

帶頭鮮蝦（義大利虎蝦）……2 隻
鹽……蝦子重量的 0.8%
胡椒……適量
低筋麵粉（底粉）
蛋液
麵包粉
沙拉油……適量

為什麼

炸可樂餅的時候會整個爆開呢？

將煮熟之後搗成蓬鬆泥狀的馬鈴薯炸成酥脆的可樂餅。簡單樸素的口味誘發出一股讓人一吃就上癮的魅力。整個製作過程就只有煮馬鈴薯、壓捏馬鈴薯泥，以及下鍋油炸這三個。接下來就讓我們一一解說吧！

Q 為什麼煮好的馬鈴薯會水水的，做好的馬鈴薯泥老是溼溼的不鬆軟呢？

A 先從「煮馬鈴薯」這個步驟開始說明好了。想要做出口感鬆軟的馬鈴薯泥，馬鈴薯一定要用鹽水煮，這樣水分才不會滲入其中，這一點非常重要。用純水煮的話反而會讓熱水滲入馬鈴薯裡，這樣做出來的馬鈴薯泥反而會水水的。要不然就是利用另外一個比較花時間的方法，那就是像烤地瓜那樣放入烤爐裡加熱，這樣烤好的馬鈴薯就不會水水的了。

Q 為了縮短時間，通常都會先把馬鈴薯切成薄片之後再煮熟，這樣可以嗎？

A 切成薄片再來煮的話馬鈴薯裡頭的水分一定會增加，這時候就需要另外一個技巧了。那就是在將馬鈴薯煮軟的同時，算好加熱時間、水量以及鹽的分量，讓整鍋水一起煮乾。而煮熟的馬鈴薯再利用馬鈴薯泥的烹調手法，也就是以晃動鍋子的方式將水分吹散，那就完美無缺了。

Q 下鍋油炸的時候老是失敗。其他東西炸的時候明明不會這樣，但為什麼只有可樂餅在炸的時候會整個爆開呢？

A 爆開的原因在於馬鈴薯泥裡有空氣，當溫度上升時，就會整個膨脹所造成的。例如在做漢堡排的時候如果材料只有絞肉，那麼整個絞肉餡就會緊緊黏著在一起；但是做可樂餅的時候有個條件，那就是餡料要整個壓緊，把裡頭的空氣擠出來，這樣餡餅才會整個黏著在一起。

Q 下鍋油炸的方式比照炸雞塊或炸豬排可以嗎？

A 與炸雞塊以及炸豬排最大的差異，就是可樂餅裡頭已經熟了。也就是說，可樂餅下鍋油炸的目的，只是為了讓外層口感酥脆，所以炸的時候油鍋一開始就要設定成溫度較高的130℃，將表面炸成漂亮的金黃色就算大功告成了。

做好的馬鈴薯泥水水的

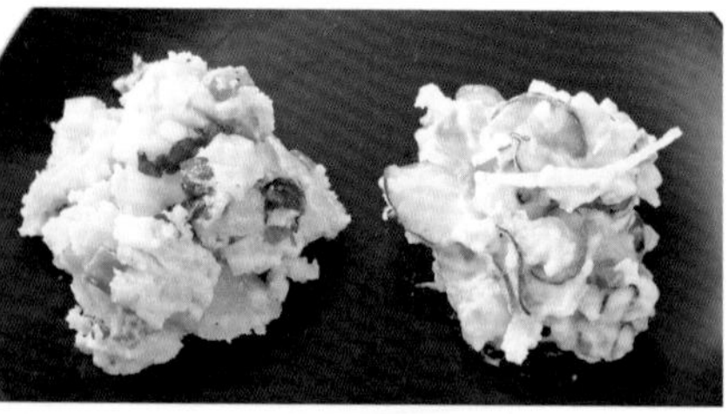

用純水煮馬鈴薯的話會讓水分滲入其中。除此之外，其他食材也會滲出水分。

整個可樂餅爆開

馬鈴薯泥沒有壓緊的話裡頭的空氣就會遇熱膨脹，把麵衣擠破，整個爆開來。

OK

水島派食譜

NG

這就是失敗的原因！

相對於水量
加入0.8%的鹽

切塊之後放入鹽水裡煮

如果用濃度0.8%的鹽水煮的話，可以讓馬鈴薯裡頭的水分釋放出來，做出蓬鬆柔軟的馬鈴薯泥。下鍋之前切塊的話，還可以縮短烹飪時間。

咕嘟
咕嘟

整顆馬鈴薯用純水煮熟

整顆馬鈴薯用純水煮不僅耗時，馬鈴薯本身還會吸水。

擠出空氣
緊壓

緊緊捏壓，擠出空氣

手掌攤平，緊壓馬鈴薯泥，將裡頭的空氣擠出來。

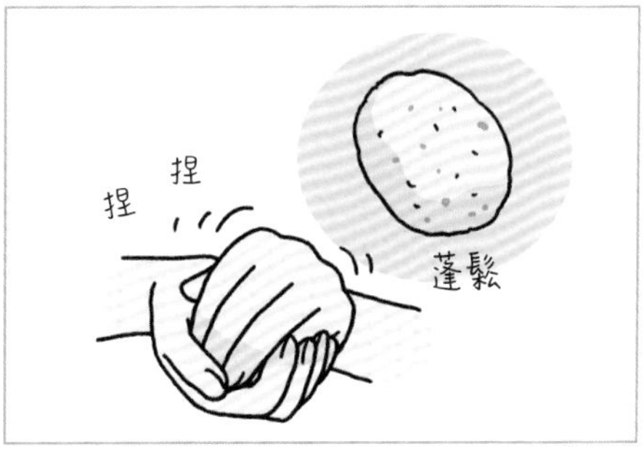
捏
捏
蓬鬆

空氣跑進馬鈴薯餅裡

以捏飯糰的要領把馬鈴薯泥捏成形的話會讓空氣跑進裡頭，導致下鍋油炸時整個爆開。

很抱歉，這種沒有憑據的猜測其實是導致失敗的根源。烹飪是要靠邏輯的。就讓我們揭開面紗，一一闡明吧！

我馬鈴薯都是帶皮下鍋煮的耶！感覺這樣做出的馬鈴薯泥會比較鬆……。

水島理論

用鹽水煮出鬆軟的口感

馬鈴薯料理最吸引人的地方，就是鬆軟的口感。想要做到這種地步，就必須要事先煮熟，釋出裡頭的水分，並且利用鹽分阻止水分滲入其中。

如何製作馬鈴薯泥

事先將馬鈴薯煮熟的時候，利用的是滲透壓中的等張效果，
讓鹽分與水分處於相互抗衡的狀態之中。

1 平底鍋裡的水煮沸之後加入 0.8% 的鹽。不需使用深鍋，這樣就不會浪費太多水，還可以節省時間。

2 馬鈴薯削皮切成 1cm 的塊狀。倒入 1，以中火加熱，煮至竹籤可以輕鬆刺入的軟度之後轉小火。

3 倒掉剩下的水，將平底鍋裡的水分煮至蒸發之後，再用橡皮刮刀一邊輕輕地將馬鈴薯搗碎，一邊乾炒。

善用烤爐

馬鈴薯洗淨去芽之後用鋁箔紙包起來。接著再放入預熱至180℃的烤爐裡加熱40分鐘即可。

試著將竹籤刺入馬鈴薯中，如果是一刺就過的柔軟度，就代表馬鈴薯已經煮熟。烘烤時不需削皮，烤好後用手就可以輕鬆剝除了。

用烤爐烘烤的話，烤熟的馬鈴薯顏色會比較黃，比較深，而且還有一股和烤地瓜一樣清甜的滋味，大家不妨嘗試看看。

水島理論

空氣跑進去就會爆開！

要將馬鈴薯與絞肉這兩種性質截然不同的東西緊密黏合的方法，就是按壓。只要做得好，就算下鍋油炸也不會爆開喔！

雙手攤平，緊密按壓馬鈴薯泥，將裡頭的空氣擠出來。

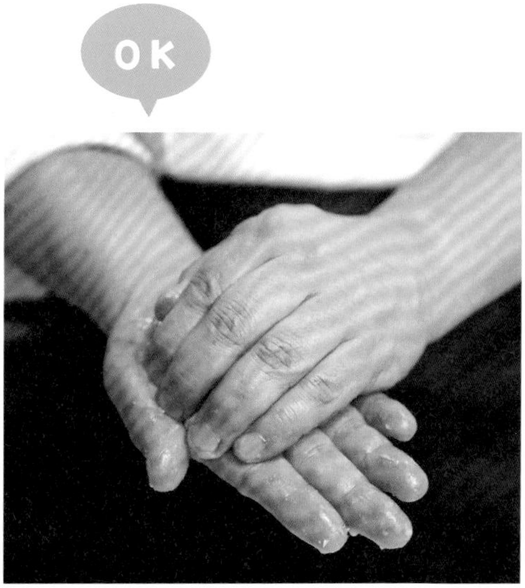
OK

馬鈴薯泥放在攤平的手掌上，用另外一隻手緊緊按壓，不讓空氣留在裡頭才是成功的祕訣。

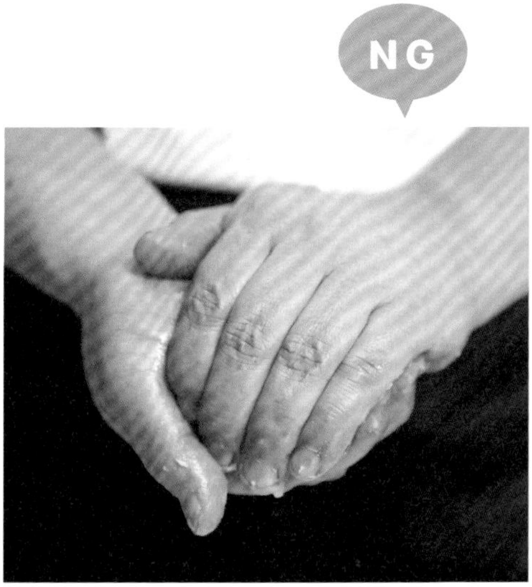
NG

像捏飯糰那樣彎曲指關節，把馬鈴薯泥塑整成形的話，只會讓過多的空氣停留在裡頭。

原來不是用力擠壓呀！我以為要用力捏才能夠把裡頭的空氣擠出來呢。那要好好記住手的形狀了。

大啖口感滑順的洋芋泥！

馬鈴薯可樂餅

作法

1 將馬鈴薯煮熟搗碎，撒上分量約其重量 0.8% 的鹽，其中一半搗成泥。

2 平底鍋倒入略多的沙拉油，一邊將絞肉炒散，一邊以小火加熱。絞肉炒熟變白時將油瀝淨，再次以小火翻炒一下。

3 洋蔥切成碎末之後倒入 2 中，將表面炒透。

4 將 3 撒上分量約其重量 0.8% 的鹽。倒入 1，以小火拌炒。加入肉豆蔻與胡椒之後攤放在淺盆中冷卻。

5 依照 101 頁的要領塑整成形，再以 22 頁的要領打上底粉，裹上一層蛋液，沾上麵包粉。

6 將 5 放入平底鍋中，注入高度約可樂餅厚度一半多的沙拉油，以稍弱的中火慢炸，並翻面數次。稍微變色之後轉中火，整個煎上色即可。

材料（1 人份） 平底鍋直徑 24cm

馬鈴薯（男爵）……中的 2 個
鹽……占馬鈴薯泥重量的 0.8%
牛絞肉……100g
洋蔥……90g
鹽……占炒洋蔥與牛絞肉合計重量的 0.8%
胡椒……適量
肉豆蔻……1g
低筋麵粉（底粉）
蛋液……15g
麵包粉……10g
沙拉油……適量

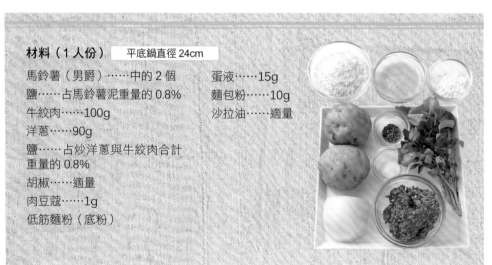

亮麗的維他命色讓人活力洋溢

馬鈴薯沙拉

作法

1 洋蔥、胡蘿蔔、芹菜、小黃瓜與醃黃瓜切成 5mm 的丁狀，小番茄縱切成 4 等分。

2 依照 100 頁的要領將馬鈴薯放入烤爐裡烘烤。一半去皮過篩，另外一半切成 7mm 的丁狀，並撒上分量約其重量 0.8% 的鹽。

3 濃度 0.8% 的鹽水倒入平底鍋中，煮沸之後放入洋蔥、胡蘿蔔、芹菜與小黃瓜，並汆燙 30 秒。將食材倒入冷水中，瀝乾之後撒上分量約其重量 1% 的鹽。

4 液態鮮奶油、胡椒與美乃滋倒入盆缽中，用打蛋器攪拌之後加入 2、3 與醃黃瓜，均勻拌和。

5 圓圈圈壓模置於盤中，填入 4 之後卸模即可。

材料（1 人份） 平底鍋直徑 18cm

馬鈴薯（男爵）……100g
鹽……削皮馬鈴薯重量的 0.8%
洋蔥……10g
胡蘿蔔……10g
芹菜……5g
小黃瓜……10g
鹽……水煮蔬菜重量的 1%
小番茄……2 顆
醃黃瓜……10g
美乃滋……10g
液態鮮奶油……5g
胡椒……適量

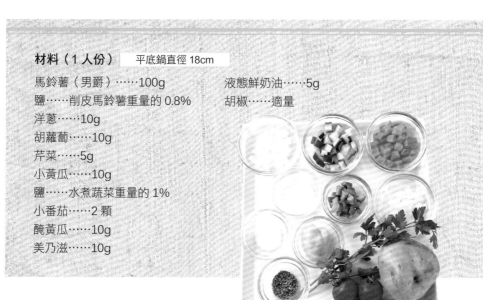

為什麼

為什麼材料會整個散開？

不管是直接吃、放在熱呼呼的米飯上做成蓋飯，還是搭配蕎麥麵，通通都令人食指大動、垂涎三尺的炸什錦。不過能夠做出麵糊薄、酥脆口感的話那就算是非常成功了！這道菜最大的魅力，莫過於利用冰箱裡的剩菜，迅速烹調端上桌。

Q 和孩子兩個人吃午餐的時候，偶爾會利用所剩不多的食材做成炸什錦蓋飯。可是炸的時候還沒起鍋，怎麼就已經支離破碎了呢？

A 理由之一，應該是材料沒有好好裹上麵糊吧。所有材料是不是沒有均勻沾裹到麵糊呢？記住，先將食材放入較小盆缽中，之後再與麵糊均勻拌和就可以了。

Q 如果原因不是在麵糊，而是在炸的過程當中整個材料散開來的話該怎麼辦呢？

A 這是需要竅門的。善用工具的特性也是訣竅之一，像是利用圓圈圈壓模，或者是利用製作親子蓋飯（雞肉蓋飯）專用的親子鍋也是一樣的點子，用和炸什錦一樣大的平底鍋來炸也可以。只要使用尺寸適當、不會過大的烹調工具，炸的時候材料與麵糊就不會分得太開了。

Q 使用的配料除了蔬菜，還有海鮮。要怎麼做才能夠炸出口感恰當、不會太硬的炸什錦呢？

A 這次要介紹的，是有點特別的方法，要用上兩個平底鍋。一個是要把炸什錦的材料炸熟，另外一個是為了讓口感更加酥脆。第一個平底鍋先用小火把油的溫度升至100℃之後，再將食材放入鍋中炸。當鍋子的溫度升至150℃，材料整個炸熟了之後，再連同鍋中的油倒入另外一個平底鍋裡，用大火將溫度升至180℃，續炸1～2分鐘後起鍋即可。利用這種方法加熱食材的時候溫度非但不會太高，而且還能夠在短時間內炸出酥脆的口感，就算是容易變硬的海鮮，照樣口感酥脆柔嫩。

材料均勻
黏合
成品口感
酥脆
成品口感軟爛
食材支離破碎

OK

水島派食譜

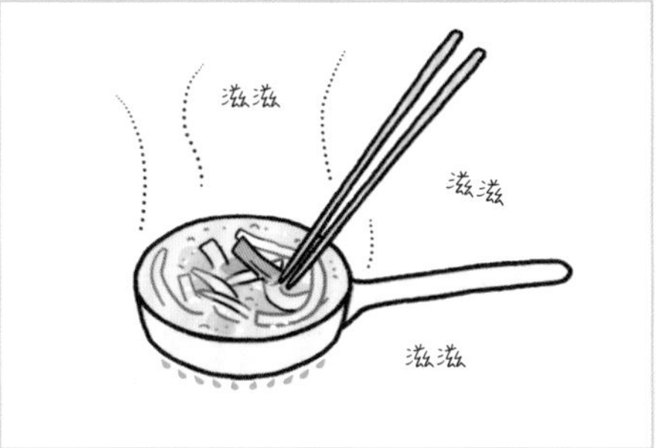

把食材炸熟要用小鍋子

用和炸什錦一樣大的平底鍋不僅可以把食材炸熟，材料也不會支離破碎，可說是一舉兩得。

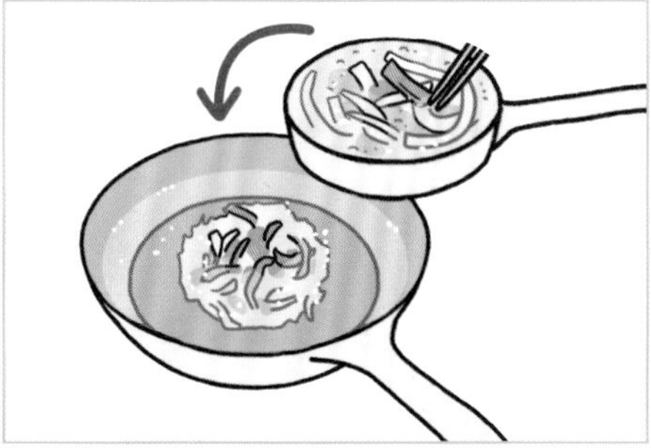

移至大一圈的平底鍋

連同炸油倒入鍋中之後再提升溫度，就能夠炸出酥脆口感，而且還能夠在短時間內完成，食材也不會變得太硬。

這本書在食譜這個部分還標示出平底鍋的直徑，代表這樣大小的鍋子剛好適合烹調那道菜。

NG

這就是失敗的原因！

水島理論

烹調用具的大小也有關係

大多數的人應該從未在意過平底鍋的尺寸，但是從現在開始必須要捨棄這個想法了。先讓我們瞭解一下為什麼要用這個尺寸的鍋子吧。

1

事先準備好直徑 18cm、20cm、22cm 及 26cm 等不同尺寸的鍋子，就能夠應付各式各樣的料理了。

2

如果是炸什錦，可以用直徑 18cm 這個比較小的平底鍋。以小火將油加熱至 100℃之後，再把炸什錦的材料下鍋油炸。

3

2 炸至油鍋溫度升到 150℃為止。另一方面，準備一支直徑 20cm 的平底鍋。

這樣就可以同時解決炸什錦因為加熱而變硬的特性，以及材料容易分散的特徵了。這個點子不錯吧？
用上兩支平底鍋，這個方法實在是太新穎了！

4

食材熟了之後，連油一起倒入事先準備好的直徑 20cm 的平底鍋中，以大火炸上色即大功告成。

讓食材的風味表露無遺的薄麵糊

炸什錦

作法

1 蝦仁依照 60 頁的要領剔除泥腸之後切成三等分。扇貝切成與蝦仁一樣大小。洋蔥切成 5mm 寬的薄片，鴨兒芹切成 3cm 長。

2 將 A 過篩後混合備用。B 混合調成蛋汁，兩者均放入冰箱冷卻。

3 玉米與鹽倒入盆缽中均勻攪拌。

4 另取一盆缽，將 2 倒入其中，用打蛋器混合攪拌。

5 將 3 與 4 混合，依照 106 頁的要領下鍋油炸。

材料（1 人份） 平底鍋直徑 18、20cm

蝦仁……30g（3～4 隻）
扇貝……30g
洋蔥……30g
玉米粒……30g
鴨兒芹……5g
鹽……1g
A 低筋麵粉……25g
　玉米粉……10g
B 蛋液……8g
　冷水……35g
　酒……35g
沙拉油

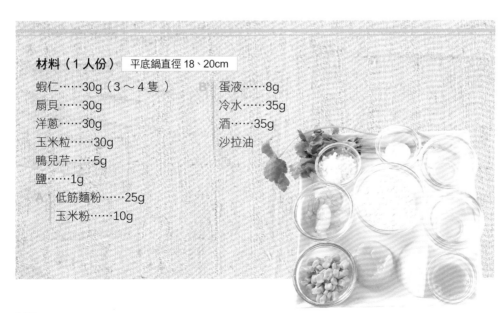

Chapter 5

做出令人驚豔的家常菜料理

有些菜之所以會三不五時就出現在餐桌上，原因莫過於「大家愛吃」「營養均衡」，但是最重要的，應該是「不用擔心失敗，有自信做好」。接下來就讓我們介紹直搗人心、百發百中的成功食譜吧。

Contents

為什麼

義大利麵老是沾不上麵醬呢？

為了讓蔬菜、肉和海鮮等各式食材與醬汁沾裹而製作的義大利麵，其實是營養均衡滿點、十分出色優秀的單盤料理。而這道義大利麵成功的最大前提，就是麵條本身要煮的好吃，所以就讓我們從基本中的基本扎實地打好底子吧。

Q 不管煮什麼口味的麵，味道不是不夠鮮明就是太濃，普普通通，差強人意。可不可以從最基本的地方開始教呢？

A 那麼就從煮麵的方式開始說明吧。每次端上桌的模樣之所以會不一樣，差別在於麵條煮的時候方法是否妥當。用來煮麵的水量有先量好嗎？

Q 有準備了一個大鍋子，而且還煮了一鍋滿滿的開水。

A 第一，煮麵的時候並不需要那麼大的鍋子，只要有足夠的空間讓熱水產生對流就可以了。再來，水量適當的話，鹽的分量當然也會跟著固定下來，是不是呢？

Q 放的鹽差不多一撮吧。聽說這樣水滾的時候泡沫會變得更細，想說那就放一些鹽在裡頭。

A 用鹽水煮麵的目的有兩個，一個是為了調味。尤其是像香蒜辣椒義大利麵這種口味簡單的義大利麵，麵條的鹹度其實就已經決定了一切。而另外一個目的是鹽析效果。麵條用鹽水煮過之後表面會形成一層蛋白質的牆壁，以免義大利麵所含的粉融解，這就是義大利麵的「嚼勁」。

Q 麵條煮好之後，通常都會用濾網把水瀝乾再調味，這樣可以嗎？

A 用濾網把麵撈起來的話，會讓義大利麵的表面變得乾燥，溫度下降，這樣會無法形成乳化作用，使得麵醬難以沾裹在麵條上。所以這時候要用料理夾趁熱將麵條夾至有麵醬的平底鍋裡，迅速攪拌，讓麵條產生乳化作用，如此一來就可以讓義大利麵整個沾上醬汁了。

Q 冷製義大利麵的麵條煮法也是一樣嗎？

A 製作冷製義大利麵的時候，鹽析效果反而會產生反作用，所以要改用純水來煮，這樣才能夠煮出柔軟的麵條，置於冰箱裡冷卻之後，就能夠呈現硬度適中的口感。另外，用純水煮熟的義大利麵表面並不會形成一層蛋白質的牆壁，如此一來會更容易沾裹上冰涼的麵醬。

鱈魚卵零零落落
幾乎無法沾裹在麵條上

OK

水島派食譜

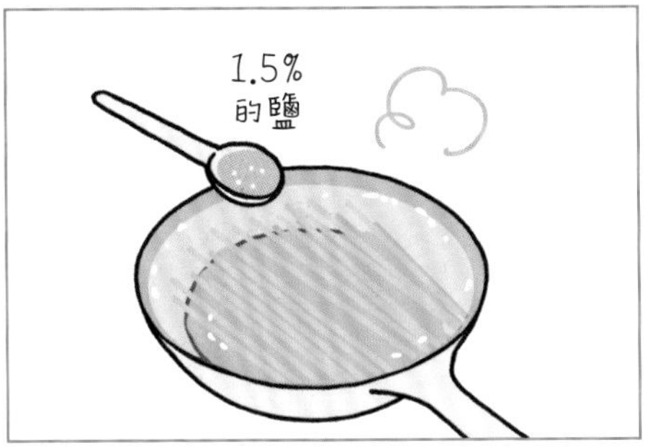

鹽的分量必須是水量的 1.5%

想要讓鹽析效果發揮作用並且成功調味，鹽的分量就一定要準確才行。

按照包裝上的時間煮麵

這樣就能夠煮出夠熟，而且嚼勁十足的義大利麵了。

義大利麵要趁熱與麵醬拌和

這時候要利用料理夾。而最佳時間，就是趁麵醬與義大利麵條都還熱呼呼的時候一起拌和。

NG

這就是失敗的原因！

煮麵的時候鹽隨便加

鹽的分量隨便加的話，不僅味道不固定，煮好的義大利麵吃起來也不會有彈性。

不遵守包裝上的煮麵時間

義大利麵並不會因為煮麵時間縮短而變得更有嚼勁。

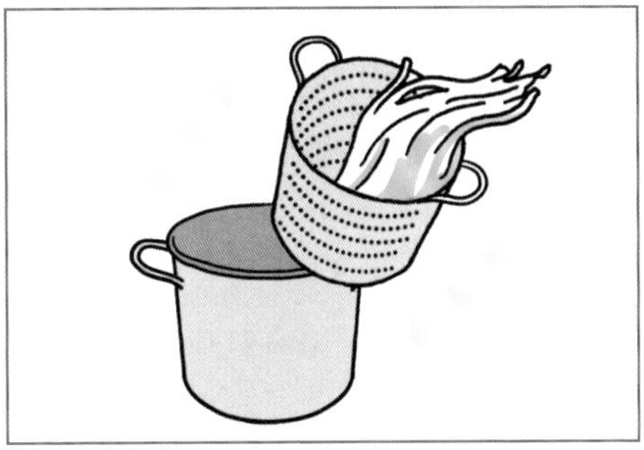

一口氣倒入濾網裡

義大利麵的表面變乾的話，溫度也會跟著下降，如此一來麵條會不容易沾裹上麵醬。

宛如奶油培根義大利麵的香醇滋味

鱈魚卵奶油義大利麵

作法

1 鱈魚卵剝除皮膜，與液態鮮奶油攪拌混合。

2 鍋裡倒入大量的水，依照 110 ～ 111 頁的要領煮義大利麵。

3 義大利麵快要煮好前 30 秒先將牛奶倒入平底鍋中，以大火煮沸，並視情況在這個時間點加鹽。倒入義大利麵，拌和 10 秒後熄火。

4 將 1 倒入 3 中，迅速攪拌，蛋黃置於正中央，用料理夾戳破拌和。

5 當麵醬變得濃稠時，盛入盤中即可。

材料（1 人份） 平底鍋直徑 24cm

義大利麵（乾麵條）……70 ～ 100g
煮麵湯（鹹度約 1.5%）
鱈魚卵……40g
液態鮮奶油……20g
牛奶……30g
鹽……0.2g（視鱈魚卵的鹹度調整）
蛋黃……17 ～ 20g

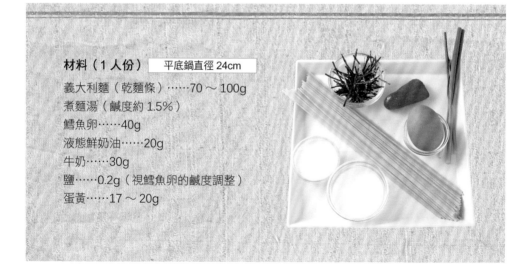

義大利麵的 Q 彈搭配番茄的酸味

義大利番茄冷麵

作法

1 大蒜與洋蔥切碎末，小番茄切月牙形，莫查列拉起司切成 1cm 的丁狀，羅勒葉切成 3mm 寬。

2 大蒜、洋蔥與橄欖油倒入平底鍋，以小火翻炒之後加入 120g 的小番茄，再用稍弱的中火燉煮。

3 莫查列拉起司倒入 **A** 中冰鎮。

4 將 **B** 與 70g 的小番茄混合。

5 依照 110 ～ 111 頁的要領，並且按照包裝指示的時間煮義大利麵。要做的是冷製義大利麵，故不需加鹽。

6 瀝水的 **5**、**2** 與 **3** 倒入盆缽中，加入分量約其重量 1% 的鹽以及胡椒，攪拌之後置於冰箱冷卻，最後再撒上羅勒葉與 **4** 混合即可。

材料（1 人份） 平底鍋直徑 20cm

義大利麵（乾麵條）……60g
大蒜……4g
洋蔥……40g
橄欖油……20g
小番茄……120g
鹽……煮熟的義大利麵與燉煮過的番茄重量的 1%
胡椒……胡椒研磨器轉 5 圈
莫查列拉起司……50g

A
鹽……0.4g
胡椒……胡椒研磨器轉 4 圈
橄欖油……5g
小番茄……70g

B
鹽……0.7g
砂糖……1.4g
橄欖油……5g
胡椒……胡椒研磨器 2 圈
羅勒葉……2g

沙拉

為什麼

會變得又水又軟呢？

翠綠欲滴的菜葉、維他命色繽紛亮麗的甜椒，以及鮮紅豔麗的紅番茄。洋溢著大地與太陽豐潤氣息的最佳口味，就是清脆水潤的滋味。而做出美味沙拉的關鍵，莫過於沙拉淋醬的調製方式。

Q 為了點綴主菜，甚至想要多攝取一些蔬菜的時候，餐桌上出現青蔬沙拉的頻率就會特別高，可是才端上桌沒多久，菜葉就馬上變得軟趴趴的，毫無生氣。沙拉是不是不可以先做好放著呢？

A 製作葉菜類的沙拉時，基本中的基本原則，就是最後再淋上沙拉淋醬。沙拉淋醬裡頭含有鹽分，拌和之後時間過得越久，蔬菜就越容易釋出水分。而需要事先準備的工作，就是蔬菜洗淨之後用手撕或者是用刀切成適口大小，以及用廚房紙巾將水分整個擦乾。最後上桌前再與沙拉淋醬拌和的話，就能夠避免沙拉變得水水的了。

Q 我一直以為沙拉會變得水水的是因為沙拉淋醬的關係。

A 其實沙拉原本不是靠沙拉淋醬來調味的。沙拉的英語salad字源是指「加了鹽的東西」。由此可知讓沙拉更加可口美味的重點，在於一開始讓食材與適量的鹽拌和。另一方面，沙拉淋醬的英語dressing字源來自「dress」，也就是稍微調味，只要增添幾分香味就已經足夠了。所以基本上沙拉淋醬以一大匙的油為底製作的分量就已經足夠了。

Q 青蔬沙拉搭配雞胸肉、生鮭魚或鯛魚的時候要注意哪些地方呢？

A 基本上魚肉要夠新鮮，而且正確切剖。而雞胸肉在煮的時候方法和下鍋油煎一樣，必須用小火來烹調。因為不管是煎的還是煮的，處理的都是蛋白質，所以加熱變硬的性質也是一樣。但是慢慢加熱的話不僅可以去除腥味與臭味，還可以煮出口感柔嫩的肌肉。

一盆沙拉配一大匙的沙拉淋醬

沙拉淋醬是用來增添風味的，所以不需要做一大瓶，吃沙拉的時候更不需要淋上一堆。

汆燙雞肉的方式要是不對，就會縮成這麼小塊

只是放入煮沸的開水裡煮熟的雞胸肉變得破碎，口感相當硬。

OK

水島派食譜

NG

這就是失敗的原因！

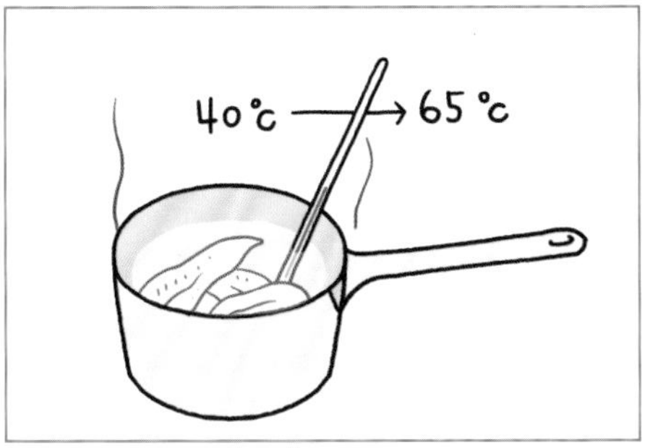

用小火慢慢煮熟

溫度只要正確管理，就能夠汆燙出口感和起司一樣綿密溼潤的雞肉。

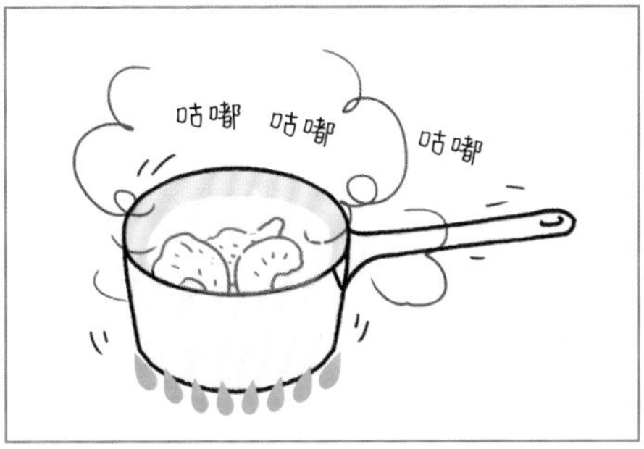

雞胸肉放入沸騰的熱水裡汆燙

不管是煮還是煎，加熱變硬的性質是不會變的。

利用適量的沙拉淋醬來增添風味

一盆青蔬沙拉差不多淋上一大匙的沙拉淋醬就可以了。

蔬菜浸泡在大量的沙拉淋醬之中

沙拉淋醬本身就已經含有水分，再加上裡頭的鹽分會讓蔬菜釋出水，所以才會變得溼答答的。

差不多這樣就 OK 了！

盆底不會留下醬汁的分量就夠了。

之前做沙拉淋醬的時候都是用量杯來做的，而且分量應該有100 ml……。這樣做出來的青蔬沙拉應該會又溼又軟吧。

水島理論

掌控三要素 滋味更扎實

應該控制的三個要素，是鹽分、溫度與時間。接下來要介紹將雞胸肉煮得鮮嫩水潤的方法。

取一小鍋，量好水量，加入分量約其 1.6% 的鹽。

在鍋底鋪上一層廚房紙巾，以免溫度急驟變化。放入雞胸肉，以小火加熱。

加熱至 40 ～ 45℃之後，雞胸肉翻面並熄火。到這裡差不多是 7 ～ 8 分鐘。

蓋上鍋蓋，放置 5 分鐘，利用餘溫將雞肉整個燜熟。千萬不要讓溫度急驟上升，否則雞肉會收縮變硬。

再次以小火加熱，去除肉的腥味與浮末。加熱至 65℃時再次熄火。

蓋上鍋蓋，續燜 5 分鐘之後取出雞胸肉，瀝乾水分，並放置冷卻。不管是表面還是切口，口感均相當柔嫩水潤。

和高級起司一樣滑嫩的口感

雞胸肉沙拉

作法

1 依照 116 頁的要領汆燙雞胸肉。

2 將 **A** 倒入盆缽中，用打蛋器攪打之後再與橄欖油（20g）混合。

3 葉片類蔬菜切成適口大小，浸泡在溫水裡 2 分鐘後瀝乾水分。

4 將 **3** 撒上鹽與胡椒，混合之後與一半分量的 **2** 拌和。

5 切成 5mm 大小的小番茄與 **B** 倒入盆缽中，用湯匙混合之後加入橄欖油（4g）。

6 將 **1** 的雞胸肉細切成 6mm 的肉片，與 **4** 一同盛入盤中，最後再淋上 **5** 以及剩下的 **2** 即可。

材料（1 人份） 平底鍋直徑 18cm

雞胸肉……50g

葉片類蔬菜（萵苣葉、幼嫩沙拉葉等）……40g

鹽……占雞胸肉重量的 0.8%

胡椒……適量

A
- 芥末醬……2g
- 紅酒醋……10g
- 鹽……0.2g
- 砂糖……0.2g
- 橄欖油……20g

小番茄……40g（2 個）

B
- 鹽……0.3g
- 砂糖……0.3g
- 胡椒……適量
- 紅酒醋……2g
- 橄欖油……4g

賞心悅目的視覺盛宴

醋醃鮭魚

作法

1 鮭魚與芹菜切成 5mm 寬的薄片，甜椒切成適口大小。豌豆莢去筋。

2 鮭魚與 A 倒入盆缽中，用湯匙攪拌後攤放在淺盆中，置於冰箱裡冰鎮。

3 甜椒、芹菜、玉米筍、小番茄與 B 倒入鍋中，注入剛好可以蓋住所有材料的油量，以小火加熱至番茄果皮掀起時熄火，攤放在淺盆中，置於冰箱裡冰鎮。

4 鍋子裡倒入濃度為 1.5% 的鹽水（分量外），煮至沸騰之後倒入豌豆莢，汆燙 2 分鐘再置於冷水裡冷卻，並用廚房紙巾拭乾。

5 將 2 與 3 盛入盤中，擺上豌豆莢裝飾即可。

材料（1 人份） 平底鍋直徑 18cm

鮭魚（生魚片肉塊）……50g

A
- 鹽……鮭魚重量的 1%
- 酸橘檸汁……2g
- 橄欖油……4g
- 蒔蘿……1 株
- 胡椒……適量
- 紅黃甜椒……各 20g
- 芹菜……10g
- 玉米筍……10g（1 根）
- 小番茄……20g

B
- 鹽……蔬菜重量的 1.4%
- 砂糖……蔬菜重量的 1.6%
- 紅酒醋……蔬菜重量的 7%
- 沙拉油……適量

豌豆莢……20g（2 根）

蘆筍豬肉捲

為什麼

肉老是捲不緊？

點綴「不會失敗的食譜」最後一個章節的，就是蘆筍豬肉捲。這是一道只要煎成金黃色，就可以當作便當菜的食譜。容易食用，而且口味適合大人的是水島派的作法。當作下酒菜更是絕配。

Q 最為活躍的便當菜，莫過於像蘆筍豬肉捲這種營養均衡、色彩繽紛的美味佳餚。但是這道菜就難在動不動就支離破碎。

A 先在食材挑選上花些心思吧。五花肉有股獨特的美味，不少人似乎非常喜歡，但是煎的時候散發鮮甜滋味的油脂卻會因此流失，使得整片肉變得非常容易破裂。這時候不妨改用里肌肉看看。另外，沾裹太白粉的時候也需要一些竅門，不是把太白粉直接撒在肉片上，而是將其調成太白粉水之後，再均勻地塗抹在整個肉片上。下鍋油煎的時候接縫處朝下，只要這樣，蘆筍豬肉捲就會更不容易散開了。

Q 為什麼有時候肉的外層熟了，可是裡頭的蔬菜卻還是生的，甚至是表層都焦了，可是捲了好幾層的內層卻完全沒有熟？

A 材料有沒有事先汆燙好呢？像是蘆筍或者是胡蘿蔔等比較硬的蔬菜記得要事先煮熟。另外，捲起的肉片內側如果沒有熟的話，那就要在火候上下功夫了。基本原則同樣是「用小火慢慢烹調」。用大火煎的話，就算外層已經熟了，但由於烹調時間不足，熱是無法傳遞到內側的。脂肪一口氣整個流失，也是因為用大火烹調的關係。所以這時候要回到最基本的火候，也就是用小火慢慢把裡頭煎熟。

Q 烹調的時候經常用醬油與砂糖來調味，感覺像紅燒口味，可是成品的味道為什麼會不均勻呢？

A 這應該是調味料的分量與食材的重量不合所造成的。這道菜的鹽分必須占食材重量的1.1%，糖分則是其5倍。120頁刊載了2人份的材料，先按照食譜來計量。分量量好之後，下一步就是不要煮太久，熄火之後撒上滿滿的胡椒就大功告成了。

肉片很容易掉落

裡頭沒有熟

爽口香辣的濃濃胡椒味

蘆筍豬肉捲

作法

1 蘆筍下半部削皮後，配合豬肉的寬度切段。

2 在豬肉上撒鹽。

3 濃度為 0.8% 的鹽水（分量外）倒入鍋中，煮沸後轉中火，放入蘆筍汆燙約 2 分鐘，再將水分瀝乾。

4 太白粉加水調勻之後塗抹在豬肉的其中一面上，蘆筍擺放其中並捲起。

5 沙拉油倒入平底鍋，**4** 的接縫處朝下貼放在鍋底上，以小火慢煎。

6 豬肉整個煎熟之後加入醬油與砂糖，一邊搖晃平底鍋，一邊讓豬肉捲裹上醬汁。熬煮好了之後熄火盛盤，最後撒上滿滿的胡椒即可。

材料（2 人份） 平底鍋直徑 18cm

豬里肌肉（肉片）……170g
綠蘆筍……4 根（1 根 30g）
鹽……1.2g
醬油……10g
砂糖……16g
太白粉……30g
水……45 ～ 50g
沙拉油……適量
胡椒……適量

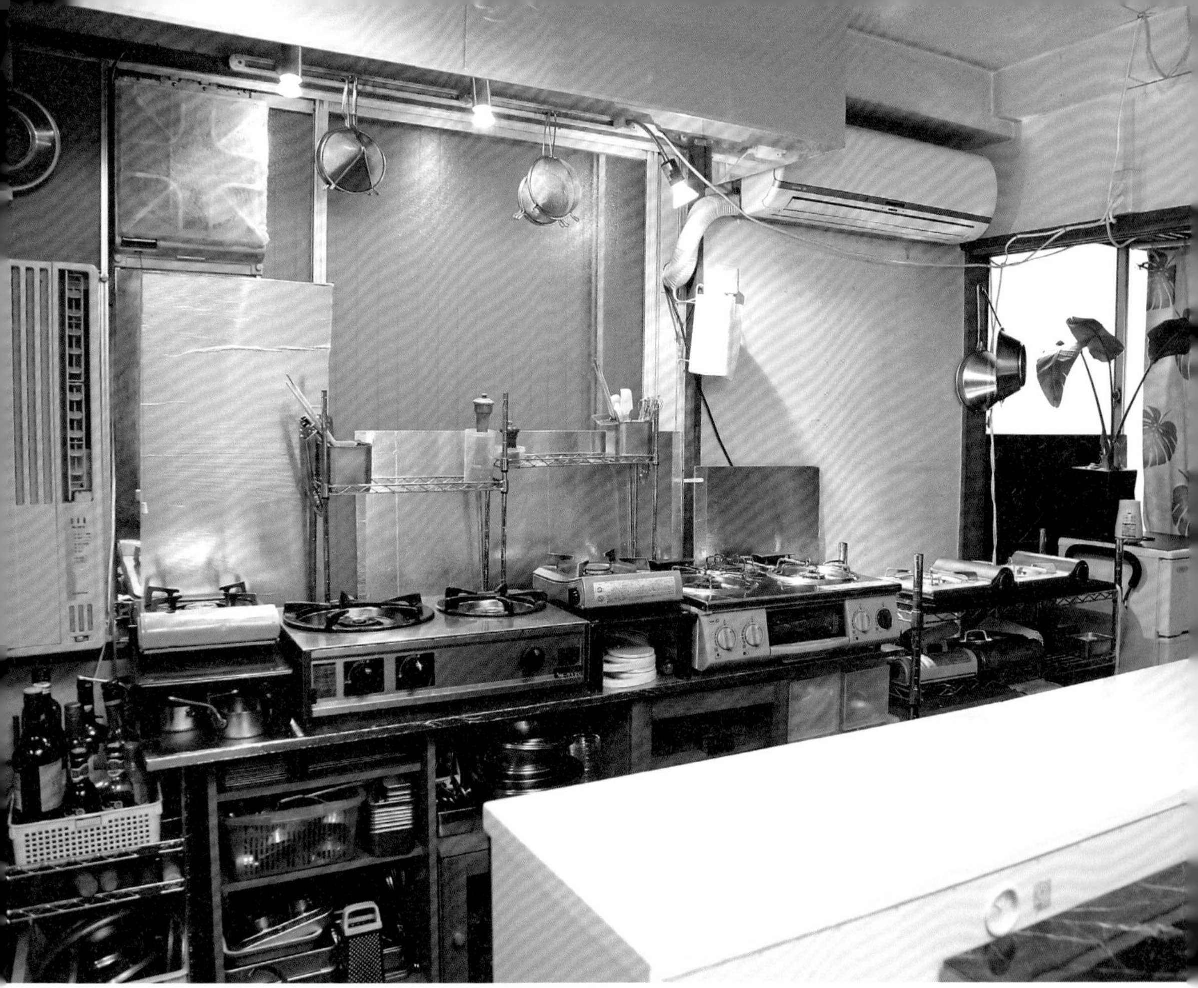

附錄

為了不做出失敗的菜

做菜除了要切菜、調味，還有準備這項要素。想要成功煮出一道菜，準備就顯得非常重要了。接下來要為大家說明事先做好什麼樣的準備，做菜的時候就不會失敗了。

不會再失敗了！
烹飪法則

備好食材，不失敗料理的第一步

準備不充足只會陷入失敗的輪迴之中

開始動手煮菜的時候，需要的東西是不是全部都擺在眼前了呢？計量↓切菜↓事前準備↓加熱↓調味↓盛盤。這一連串的動作在進行時所需要的東西整理過後，就放在伸手可及的地方吧！

不需要的東西也跟著擺出來的話只會不小心打翻。另外，什麼地方擺了什麼東西、要用的東西還放在冰箱裡的話，只會拖長加熱時間，連帶地失去烹調美味料理時必須具備的「最佳時機」。

廚房整理乾淨之後，就可以先來計量。先按照食譜準備調味料，食材也順便備齊。這時候可以參考烹飪節目的擺法。另外，本書在食譜的材料部分也刊載了一張已經計量好的「料理材料組」照片。只要按照這個形式準備，那你就及格了。

接下來要準備的是烹調工具與盛菜的盤子。準備「料理材料組」的好處，就是可以掌握整道菜的分量。也就是要在這個階段決定要用哪一個平底鍋比較適當、用哪一張盤子盛菜看起來才會漂亮。所有的準備齊全到這種地步再來下廚，就是邁進「不會失敗的料理」的第一步。

column

遇到瓶頸的時候先全部整理好也算是方法之一

經營烹飪教室的時候最常被問的，就是挽回失敗的方法。會這麼問，應該是想說好不容易通通把材料買齊了，卻因為把菜煮壞而丟棄，這樣實在是很浪費。可是一道菜做壞了，通常是無法挽回局面的。

所以說，既然失敗了，那就索性把所有東西全都清理乾淨，用過的東西洗乾淨，烹調工具也收好，一切歸零。如此一來就能夠再次看清自己接下來該怎麼做了。

1 整理工具

最理想的狀態就是作業台上什麼東西都不要擺。就連鍋碗瓢盆那些東西也都不要一一陳列出來，隨時記住這些東西都要收納在櫥櫃裡。不管廚房有多小，只要整理乾淨，使用起來就會更方便順手。

2 備齊材料

參考刊載在各個食譜材料部分的照片來準備材料吧。調味料與食材全部都算好分量之後擺放在托盤上，這樣不僅可以知道這道菜需要的東西，而且還能夠掌握完成時的分量與色調。

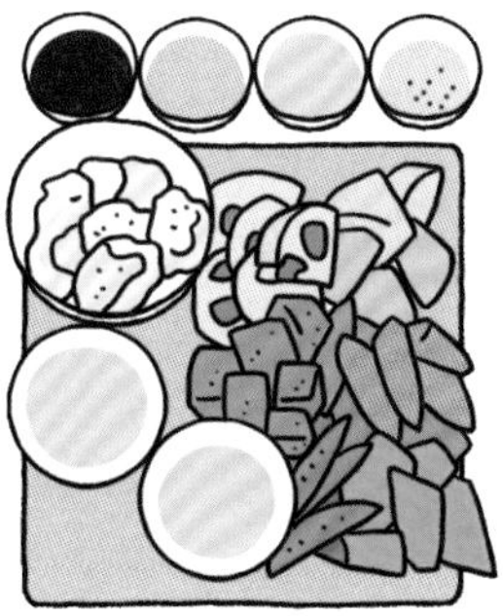

3 先挑選餐盤

菜餚的量不管是過多還是過少，只要挑對盤子，看起來永遠都會讓人覺得可口美味。另外，為了了解使用的材料所呈現的色調，挑選一張可以襯托出料理色彩的盤子還可以錦上添花，讓菜色看起來更令人垂涎欲滴。

大概就是這樣吧？
平底鍋的大小差不多這樣？
討厭我怎麼這麼厲害啦

有了這些就可以煮出好菜！

有了「這三個的「計量工具」絕對不會失敗

「這三個」，指的就是調味料與材料的重量、烹調時間與加熱溫度。

所有的調味料是從成品的重量開始計算的，因此我們要按照食譜來計量。

再來是烹調時間。只要準備一個廚房計時器，那就完美無缺了。

最後是加熱的溫度。儘量養成用烹飪專用溫度計來測量溫度的習慣。好好掌控時間與溫度，就能夠避免食材變硬、半生不熟，甚至燒焦等麻煩。記住這三個，就不會把菜煮壞了。

正確計量

量匙

有 5cc、1cc 與 0.1cc。1cc 可量出 1g 鹽。不過菜餚味道會因鹽的種類而多少有些差異。

計算機

鹽的濃度基本上食材是 0.8%，水是 1.5%。使用計算機的話就可以正確計量。

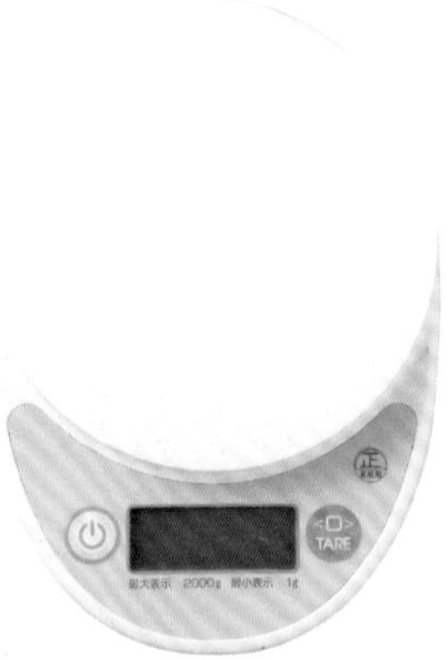

電子秤

用來計量食材、醬油與油燈材料。可量至小數點以下的機種會比較好用。

column

正確對待工具 熟知保養方法

烹調工具受到損傷的原因除了用大火烹調，另外就是沒有妥善保養。所以洗鍋子的時候不要再用鬃毛刷用力刷洗了。

其他像量匙、計量調味料的小量杯，以及平底鍋等的污垢只要煮沸消毒就可以去除。比較嚴重的污垢可以先用柔軟的海綿清洗之後，再用大火煮沸消毒。

正確測量、計算

廚房計時器

以秒為單位計時的機種是基本工具。準備一個放在廚房的話，隨時都可派上用場。

烹飪專用溫度計

除了測量熱水，還能夠測量油的溫度。炸東西的時候用來掌控溫度也沒問題。

所謂烹飪，就是要「計量」。只要養成這個習慣，就不會覺得麻煩。因此不管要做什麼，都要養成「計量」的習慣喔。

不會再失敗了！
烹飪法則

正確解讀食譜！

煮菜不失敗的魔法地圖

「不知道該做出什麼味道」「有時候味道會不一樣」「明明食譜都一樣，可是第一次做的卻最好吃」。這些煩惱，通通都是因為沒有正確解讀食譜所引起的。雖說要「正確解讀」，其實根本就不需要什麼高難度的技巧或者是特別的東西。最重要的，就是要把那些成見、錯誤的常識與習慣全都拋諸腦後，看食譜的時候什麼都不要多想，按部就班一一進行就好了。

一道食譜裡有五個要素，那就是「計量」「切菜（事前準備）」「加熱」「調味」「完成」。「計量」方面記載在「材料」中，其他的四個要素記載在「作法」項下。在習慣這個方法之前不妨用四種不同顏色的筆將這四個要素框出來。

本書提到的「水島派食譜」介紹的是我經過多次試做，覺得最好的一道。也就是說，這裡頭的材料切法、加熱時間以及調味料的量，每一個細節為何要這麼做，都有它的理由與根據，而且還融入我本身的經驗。讓我絞盡腦汁、掛念在心的，就是一道菜的口感、香味與外觀要怎麼做，才會讓大家烹調的時候「絕對不會失敗」。不多說，就請大家先按照食譜做一次看看吧。

Column

食譜裡特有的說法

像是「鹽少許」等非常曖昧的分量標示，或者是「可以蓋住材料的水」這種視情況調整的標記，不然就是「過篩」這種專門用語。食譜裡頭到處都是這樣的用語。

遇到這種「感覺」「曖昧」通用於整本食譜的情況，就只能靠多做幾次來摸索最佳分量了。

水島派食譜不僅經過多次試做，而且還盡可能地提排除一些曖昧不清的表達方式。所以才有辦法成就這本絕對不會失敗的食譜。

加熱

讓食材產生變化的加熱步驟詳細規定了時間與火候，並且以在保持最柔嫩的狀態之下讓食材完全熟透的情況為目標。

切菜（事前準備）

「切成四等分」「5mm」等這麼詳細的指示，對於接下來的加熱時間與調味料分量而言成效最佳，同時也是左右味道與口感的重要要素。

調味

只要稍有不同，就會影響到整道菜滋味的調味料。所以先請大家按照食譜中的分量來製作。若要迎合個人喜好，那就調整鹽以外的調味料分量。

完成

一道菜的「外觀」也是一項相當重要的要素。而烹調出一道色彩繽紛、賞心悅目的佳餚，重點均濃縮於此。

款待客人的高級料理

紅酒煨牛肉

作法

1 牛肉切適口大小，洋蔥切 5mm 寬的薄片，胡蘿蔔滾刀切成 2cm 的塊狀，蘑菇切成四半。
2 牛肉煎過之後倒入紅葡萄酒。
3 另起一平底鍋，倒入沙拉油，以小火翻炒牛肉以外的 1 約 10 分鐘。
4 將 2、3 與水倒入鍋，以中火煮至沸騰之後撈除浮末。
5 加入 A，蓋上內蓋，以小火煮至沸騰之後燉煮一個半小時。
6 製作 79 頁的奶油炒麵糊。
7 倒入 2/3 分量的 6 至 5 裡，燉煮一個半小時。
8 打開蓋子，繼續燉煮 30 分鐘之後熄火，燜蒸 1 小時。
9 最後再盛入盤中即可。

材料（1 人份） 平底鍋直徑 18cm

牛肉（牛五花、腿肉、肩胛肉或牛腱肉）……280g
胡蘿蔔……80g
洋蔥……80g
蘑菇……50g
紅葡萄酒……50g
水……300g
沙拉油……適量

A
鹽……4g
細砂糖……5g
百里香……3 株
胡椒……胡椒研磨器轉 3 圈
褐色麵糊（請參照 79 頁）

大家先按照食譜試做一次看看。味道太淡的話就加些調味料，稍微調整一下，重複幾次之後，就能夠找到「屬於自己的最佳食譜」了。

突然想到習慣做一道菜的話，計量、菜的切法還有加熱時間通常都會不知不覺地變得越來越隨便。難怪每次煮好的菜味道都不一樣。

生活樹系列 060

日本廚藝教室首席的「控溫烹調料理筆記」

弱火コントロールで絶対失敗しない料理

作　　者　水島弘史
譯　　者　何姵儀
總 編 輯　何玉美
主　　編　紀欣怡
責任編輯　林冠妤
封面設計　比比司設計工作室
內文排版　許貴華
日本製作團隊　料理攝影／玉井幹郎
插圖．漫畫／上田惣子
裝訂．設計／佐野裕美子
執筆協力／峯澤美
編輯協力／佐藤友美（視覺企劃）
編輯／鈴木惠美（幻冬舍）

出版發行　采實文化事業股份有限公司
行銷企劃　陳佩宜．黃于婷．馮羿勳
業務發行　林詩富．張世明．吳淑華．林坤蓉．林踏欣
會計行政　王雅蕙．李韶婉
法律顧問　第一國際法律事務所　余淑杏律師
電子信箱　acme@acmebook.com.tw
采實官網　http://www.acmebook.com.tw
采實粉絲團　http://www.facebook.com/acmebook

ISBN　978-957-8950-35-1
定　　價　300元
初版一刷　2018年6月
劃撥帳號　50148859
劃撥戶名　采實文化事業股份有限公司
104台北市中山區建國北路二段92號9樓
電話：(02)2518-5198
傳真：(02)2518-2098

國家圖書館出版品預行編目資料

日本廚藝教室首席的控溫烹調料理筆記：每一道料理都有適合它的火候！70個料理QAx300張圖解，日本大廚的家常菜美味關鍵／水島弘史作；何姵儀譯. -- 初版. -- 臺北市：采實文化，2018.06
面；　公分. --（生活樹系列；60）
ISBN 978-957-8950-35-1(平裝)

1. 食譜 2. 烹飪

427.1　　107006080

采實出版集團
ACME PUBLISHING GROUP